Sichelflügler
Seite 57

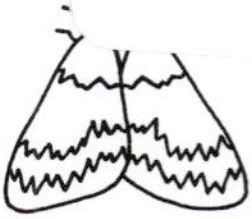

Trägspinner
Seite 58/59

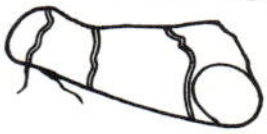

Zahnspinner
Seite 60 – 63

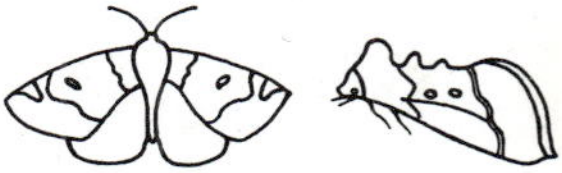

Eulenfalter
Seite 64 – 81

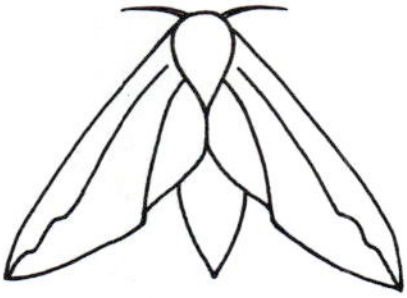

Schwärmer
Seite 82 – 91

Spanner
Seite 92 – 115

Zünsler
Seite 116 – 118

Federmotten
Seite 119

Sackträger
Seite 120

Langhornmotten
Seite 121

Wickler
Seite 122/123

kosmos Naturführer

Körperumrisse der Schmetterlingsfamilien

Bärenspinner
Seite 22 – 33

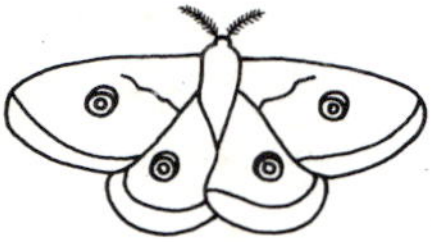

Augenspinner
Seite 34 – 37

Frühlingsspinner
Seite 38

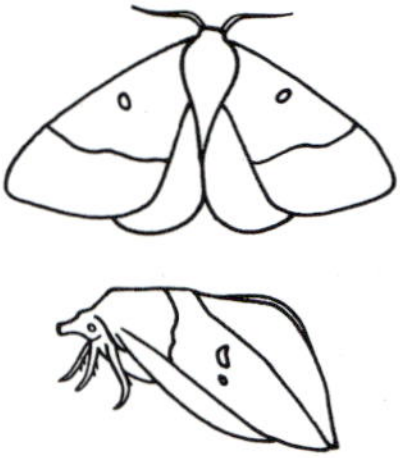

Glucken
Seite 39 – 43

Widderchen
Seite 44 – 51

Glasflügler
Seite 52

Fenster-
schwärmer
Seite 53

Holzbohrer
Seite 54

Wurzelbohrer
Seite 55

Wollrückenspinner
Seite 56

Linke Seite: Wolfsmilchschwärmer (o. l.), Brauner Bär (o. r.), Kleines Nachtpfauen-auge (M. l.), Hornklee-Widderchen (M. r.), Blutbär (u. l.), Ahorneule (u. r.) – Rechte Seite: Großer Frostspanner (o. l.), Haarrückenspanner (o. r.), Purpurbär (u. l.), Kiefernspinner (u. r.).

Register

28–40 mm

Kleines Nachtpfauenauge

Èudia pavónia

Familie Augenspinner

Aussehen: Vorderflügel des Männchens (Foto) braungrau, Hinterflügel rostgelb; Grundfarbe beim größeren Weibchen einheitlich weißgrau. Die Flügel tragen bei beiden Geschlechtern je einen dunkel geringten Augenfleck.
Vorkommen: Weit verbreitet in lichten Wäldern, an Waldrändern, in Moorgebieten, auf Heiden und Ödland, bis in Höhen von 2000 m.
Flugzeit: Von Ende März bis Juni in einer Generation.
Lebensweise: Die Männchen fliegen am Tage in rasantem Zickzack-Flug, um paarungswillige Weibchen aufzuspüren. Diese warten in der niederen Vegetation und senden Duftstoffe aus, die von den Männchen aus großer Entfernung wahrgenommen werden. Die Weibchen fliegen in der Regel nur nachts, zur Brutsorge.
Entwicklung: Die in der Jugend gesellig lebende Raupe (Foto S. 124) ist erwachsen grün mit goldgelben oder roten Knopfwarzen, die auf schwarzen Querbändern stehen. Sie verpuppt sich in einem bräunlichen Kokon mit Reusenöffnung, nahe dem Erdboden. Die Puppe überwintert.
Futterpflanzen: Heidelbeere, Mädesüß und viele andere Pflanzen.

Gefährdung

Noch nicht gefährdet; geschützt

60–80 mm

Großes oder Wiener Nachtpfauenauge
Satúrnia pýri
Familie Augenspinner

Aussehen: Größter europäischer Schmetterling. Grundfarbe dunkelbraun mit teilweise weißgrauer Bestäubung; Saum hellbraun, weiß abgesetzt. Auf jedem Flügel ein großer, dunkel umrandeter Augenfleck. Das Männchen (Foto) besitzt Kammfühler, das Weibchen ist wesentlich größer.
Vorkommen: Wärmeliebende Art, die in den südlichen Alpentälern verbreitet ist. Sie bevorzugt Waldränder, baumbestandenes Gelände und Obstgärten. Höhenverbreitung bis über 1600 m.
Flugzeit: von Ende März bis Juni in einer Generation.
Lebensweise: Nachts aktive Art, die zuweilen Lichtquellen anfliegt, wo sie aufgrund ihrer Größe sofort auffällt. Ruhende Falter genießen einen gewissen Schutz vor Feinden, denn die das Gesicht eines gefährlichen Tiers vortäuschende Augenzeichnung wirkt abschreckend.
Entwicklung: Das Weibchen heftet die Eier an Baumäste an. Die erwachsene Raupe ist gelbgrün mit himmelblauen Warzen. Sie verpuppt sich in einem birnenförmigen Kokon. Die Puppe überwintert, nicht selten zweimal.
Futterpflanzen: Obstbäume und andere Laubgehölze.

Gefährdung
Geschützt

26–40 mm

Birkenspinner
Éndromis versicolóra
Familie Frühlingsspinner

Aussehen: Vorderflügel des Männchens braun, weiß gemischt, mit drei keilförmigen, weißen Flecken und zwei schwarzen Querlinien, von denen die äußere starke Ausbuchtungen aufweist; Hinterflügel rostbraun. Das größere Weibchen (Foto) ist heller, die Hinterflügel weißlich; Zeichnungselemente wie beim Männchen.
Vorkommen: In Laubmischwäldern, Birkenhainen, Heiden und Moorgebieten bis 1500 m.
Flugzeit: Von Ende März bis Mai in einer Generation.
Lebensweise: Die Männchen schwärmen an sonnigen Tagen ab den späten Vormittagsstunden aus, um ein paarungsbereites Weibchen zu finden. Das Weibchen wartet, Lockstoffe aussendend, in der Vegetation. Eiablage nach Eintritt der Dämmerung.
Entwicklung: Die Eier werden in Doppelreihen meist an Zweigspitzen angeheftet. Die zuerst schwarzen, später grünen Raupen leben in der Jugend gesellig. Zur Verpuppung begeben sie sich an die Erde. Die Puppe ruht in einem sackartigen Gespinst; sie überwintert oft zweimal.
Futterpflanzen: Vorwiegend Birke, aber auch andere Laubbäume.

Gefährdung
Noch nicht gefährdet; geschützt

27–43 mm

Kupferglucke
Gástropacha quercifólia
Familie Glucken

Aussehen: Körper und Flügel kupferbraun, Flügel meist violettblau schimmernd, mit drei dunklen Wellenlinien und gewelltem Saum. Das Weibchen ist wesentlich größer. Von der Pappelglucke (*G. populifolia*) durch die dunklere Färbung zu unterscheiden.
Vorkommen: In Laub- und Mischwäldern, Moorgebieten, Heckenlandschaften, Parks und Obstgärten. Höhenverbreitung bis 900 m.
Flugzeit: Von Mitte Juni bis August in einer Generation; im Süden zwei Generationen.
Lebensweise: Nachtaktive Art, die aufgrund ihrer ausgezeichneten Tarnfärbung nur selten gefunden wird. Beim ruhenden Falter treten die Hinterflügel unter den Vorderflügeln hervor, so daß er einem welken Blatt täuschend ähnlich sieht.
Entwicklung: Die Eier werden einzeln oder in kleinen Gruppen an die Unterseite der Blätter gelegt. Die graubraune, behaarte Raupe überwintert halberwachsen an einen Zweig geschmiegt. Die Verpuppung erfolgt im Gezweig in einem spindelförmigen Kokon.
Futterpflanzen: Weide, Faulbaum, Eiche, Schlehe, Obstbäume und andere Laubhölzer.

Gefährdung
Noch nicht gefährdet; geschützt

24–36 mm

Grasglucke, Trinkerin
Éuthrix (= Philudória) potatória
Familie Glucken

Aussehen: Die Geschlechter sind verschieden gefärbt: Das kleinere Männchen ist braunlila, das Weibchen (Foto) ockergelb. Die Vorderflügel sind mit einer vom Innenrand bis zur Spitze reichenden dunklen Querlinie und je einem runden und sichelförmigen, weißen Fleck gezeichnet.
Vorkommen: Verbreitet auf feuchten Waldlichtungen und Schlägen, in Moor- und Ufergebieten, bis 1500 m.
Flugzeit: Von Ende Juni bis Ende August in einer Generation.
Lebensweise: Das Weibchen ist nur nachts aktiv, das Männchen fliegt auch in den späten Nachmittagsstunden. Ruhende Falter sind öfters im Gras zu entdecken.
Entwicklung: Die braune, behaarte, seitlich orange und weiß gefärbte Raupe ist häufig an Grashalmen sitzend anzutreffen. Der Beiname „Trinkerin" bezieht sich auf ihr großes Feuchtigkeitsbedürfnis, das sie mit Tautropfen stillt. Die Raupe überwintert. Sie verwandelt sich in einem spindelförmigen Gewebe, das an Grashalmen oder Stengeln befestigt wird.
Futterpflanzen: Segge, Trespe, Knäuelgras, Hainsimse und andere Gräser.

Gefährdung
Nicht gefährdet

25–36 mm  

Kiefernspinner

Dendrólimus píni

Familie Glucken

Aussehen: In der Färbung sehr veränderlich. Vorderflügel von hellgrau über rotbraun bis schwärzlich variierend, mit grauen oder braunen Einmischungen, dunklen, gezackten Querlinien und weißem Mittelpunkt; Hinterflügel einfarbig braun. Das kleinere Männchen ist oft lebhafter gefärbt und deutlicher gezeichnet als das Weibchen (Foto).

Vorkommen: In Nadelwäldern, am häufigsten in Kiefernbeständen. In den Alpen bis über 1600 m.

Flugzeit: Von Anfang Juni bis Mitte August in einer Generation.

Lebensweise: Die Männchen fliegen gelegentlich am Tage, die Weibchen sind wenig aktiv und leben sehr verborgen.

Entwicklung: Eiablage in Häufchen an Rinde. Die behaarte Raupe (Foto S. 125) ist erwachsen braun oder grau, mit zwei blauen Nackenflecken und dunklen, rautenförmigen Rückenflecken. Sie überwintert halberwachsen am Boden und sucht im Frühjahr wieder die Wipfelregion auf. Verpuppung in einem dichten Gespinst zwischen Zweigspitzen oder in Rindenspalten.

Futterpflanzen: Kiefer, seltener Fichte.

Gefährdung

Nicht gefährdet

25–36 mm

Eichenspinner
Lasiocámpa quércus
Familie Glucken

Aussehen: Das Männchen (Foto oben) ist kastanienbraun, das Weibchen (Foto rechts) ockergelb, beide mit gelblichem Querband und einem weißlichen Mittelpunkt auf den Vorderflügeln.
Vorkommen: In Wäldern, Heidegebieten, Hochmooren und alpinen Zwergstrauchheiden, bis über 2000 m.
Flugzeit: Je nach Höhenlage von Ende Mai bis August, in einer Generation.
Lebensweise: Die Männchen eilen bei Tage im Zickzackflug durch die Landschaft, um paarungsbereite Weibchen aufzuspüren. Diese sind sehr träge und fliegen in der Regel nur nachts, zur Brutsorge. Sie erscheinen manchmal an Lichtquellen, werden aber auch tags öfters nahe dem Boden sitzend gefunden.
Entwicklung: Die erwachsen graugelb behaarte Raupe hat samtschwarze Ringeinschnitte und an den Seiten weiße Längsstreifen mit weißlichen Schrägstrichen. Sie überwintert – lokal zuweilen zweimal – und verpuppt sich in einem walzenförmigen, festen, braunen Kokon an der Erde.
Futterpflanzen: Weide, Eiche, Heidelbeere, Heidekraut, Himbeere und viele andere Laubgehölze.

Gefährdung
Nicht gefährdet

10–11 mm

Sonnenröschen-Grünwidderchen
Adscíta (=Prócris) géryon
Familie Widderchen

Aussehen: Vorderflügel und Körper goldgrün, Hinterflügel bräunlichgrau. Die alpine Form (Foto) ist kleiner und außerdem trüber gefärbt. Nur schwer von mehreren ähnlichen Grünwidderchen-Arten zu unterscheiden, über 2000 m fliegt aber in der Regel nur noch diese Art.
Vorkommen: Lokal auf Heiden, trockenen Hängen und alpinen Matten bis 2500 m; bevorzugt Kalkboden. Fehlt in Norddeutschland.
Flugzeit: Von Ende Juni bis Ende Juli, im Gebirge bis Ende August, in einer Generation.
Lebensweise: Die tagfliegenden Falter sind eifrige Blumenbesucher. Bei kühler Witterung sitzen sie träge in der Vegetation, häufig an ihren Nektarpflanzen.
Entwicklung: Die Raupe ist violettbraun, am Rücken gelblich, mit weißlich geteilter Rückenlinie und gelbbraun behaarten Warzen. Sie lebt minierend in den Blättern der Futterpflanze und überwintert. Die Verpuppung erfolgt nahe dem Erdboden, oft an der Fraßpflanze, in einem weißlichen Gespinst.
Futterpflanzen: Gemeines Sonnenröschen.

Gefährdung
Gefährdet; geschützt

12–16 mm

Esparsetten-Widderchen
Zygáena carniólica
Familie Widderchen

Aussehen: Vorderflügel blauschwarz, grün glänzend, mit sechs roten, gelb oder weiß gerandeten Flecken; Hinterflügel rot, schmal schwarz gesäumt. Hinterleib teilweise mit rotem Gürtel.
Vorkommen: Sehr lokal auf grasigen, steinigen Hängen und trockenen Wiesen, an Waldrändern und zwischen lichtem Baum- und Buschbestand. In den Alpen bis 1500 m. Gebietsweise fehlend.
Flugzeit: Von Mitte Juni bis Ende August in einer Generation.
Lebensweise: Die an ihren Flugstellen oft zahlreich auftretenden Falter besuchen im Sonnenschein mit Vorliebe Skabiosen und Disteln. Bei kühler Witterung und über Nacht sitzen sie träge an Blüten und Stengeln, nicht selten mehrere beisammen, in sogenannten Schlafgesellschaften.
Entwicklung: Die Raupe ist blaugrün mit weißlichen Rücken- und Seitenlinien, zwischen denen eine Reihe schwarzer Punkte steht. Sie überwintert und verpuppt sich in einem gelblichen, eiförmigen Kokon, der in Bodennähe an einer Pflanze angesponnen wird.
Futterpflanzen: Esparsette, Hornklee und andere Schmetterlingsblütler.

Gefährdung
Potentiell gefährdet; geschützt

14–18 mm

Veränderliches Widderchen
Zygáena ephiáltes
Familie Widderchen

Aussehen: Sehr formenreiche Art. Vorderflügel blauschwarz mit fünf oder sechs weißen, roten oder gelben Flecken; Hinterflügel entweder blauschwarz mit 1 – 2 weißen Punkten oder rot (seltener gelb) mit schwarzem Rand. Hinterleib mit rotem oder gelbem Gürtel.
Vorkommen: Sehr lokal in wärmeren Gegenden, auf Steppenheiden und trockenen Magerwiesen, an sonnigen Hängen und Waldrändern. In den Alpen bis 1000 m.
Flugzeit: Von Juli bis August in einer Generation.
Lebensweise: Die Falter sind tagsüber an blumenreichen Stellen bei der Nahrungsaufnahme anzutreffen. Sie besuchen gerne Skabiosen und Disteln, wurden aber auch schon an verwildertem Sommerflieder (Foto) beobachtet. In den kühleren Morgen- und Abendstunden sitzen sie träge in der Vegetation.
Entwicklung: Die Raupe ist gelb oder grünlich mit schwarzer, unterbrochener Rückenlinie und schwarzen Fleckenreihen an den Seiten. Sie überwintert meist zweimal und verpuppt sich in einem spindelförmigen, silberweißen Kokon an niederen Pflanzen.
Futterpflanzen: Bunte Kronwicke.

Gefährdung
Potentiell gefährdet; geschützt

13–17 mm

Hufeisenklee-Widderchen
Zygáena transalpína
Familie Widderchen

Aussehen: Vorderflügel blauschwarz mit sechs kleinen, paarweise weit voneinander getrennten roten Flecken; Hinterflügel rot mit breitem, schwarzem Saum. Fühlerspitze bräunlich. Formenreiche Art, die im Süden auch mit gelber statt roter Färbung auftritt.
Vorkommen: Lokal auf trockenen Wiesen und steinigen Hängen bis über 2000 m. Fehlt in Nord- und Nordwestdeutschland; südlich der Alpen oft häufig.
Flugzeit: Von Juni bis August in einer Generation; südlich der Alpen zwei Generationen, von Mai bis September.
Lebensweise: Die Falter fliegen am Tage und besuchen Blumen. Wie alle roten Widderchen vermögen auch sie bei Gefahr eine ölige, Zyanid enthaltende Körperflüssigkeit abzusondern, die sie ungenießbar macht.
Entwicklung: Die Raupe ist grün mit schwarzem Rückenstreifen und gelber Seitenlinie, über der sich eine Reihe schwarzer Flecken befindet. Nach der Überwinterung verpuppt sie sich in einem kahnförmigen Kokon, der in der niederen Vegetation befestigt wird.
Futterpflanzen: Hufeisenklee, Hornklee und Kronwickenarten.

Gefährdung
Potentiell gefährdet; geschützt

15–19 mm

Hornklee-Widderchen

Zygáena lonícerae

Familie Widderchen

Aussehen: Vorderflügel blauschwarz mit fünf großen, karminroten Flecken; Hinterflügel karminrot mit meist schmalem, schwarzem Saum. Beim sehr ähnlichen Klee-Widderchen (*Z. trifolii*) sind die mittleren Flecken oft verbunden und ist der Saum der Hinterflügel breiter.
Vorkommen: Lokal auf Waldwiesen, Lichtungen und Schlägen, an Waldrändern und an trockenen Hängen. In den Alpen bis 1600 m.
Flugzeit: Von Mitte Juni bis Mitte August in einer Generation.
Lebensweise: Tagaktive Art, die an blumenreichen Stellen oft in großer Zahl beim Blütenbesuch angetroffen werden kann.
Entwicklung: Die trübweißen oder grünlichen Raupen (Foto S. 124) sind mit zwei Reihen viereckiger, schwarzer Rückenflecken und je einer Reihe schwarzer Flecken über den Füßen gezeichnet. Nach der Überwinterung findet man sie lokal zuweilen zahlreich im niederen Bewuchs. Die Verpuppung vollzieht sich in einem gelben, kahnförmigen Kokon, der an Pflanzenstengeln angesponnen ist.
Futterpflanzen: Hornklee, Esparsette, Bergklee und andere Kleearten.

Gefährdung

Potentiell gefährdet; geschützt

12–13 mm

Windeneule
Týta (= Acóntia) luctuósa
Familie Eulenfalter

Aussehen: Vorderflügel schwarzbraun, am Vorderrand vor der Spitze ein großer, viereckiger, gelblichweißer, manchmal rosa getönter Fleck. Hinterflügel schwarz, mit weißer Mittelbinde, am Saum ein kleines, weißes Fleckchen.
Vorkommen: Lokal auf Steppenheiden, Trockenwiesen, Brachen, aufgelassenen Weinbergen und Ödland sowie an trockenen Hängen und Bahndämmen. Fehlt in Nordwestdeutschland. In den Alpen bis 1600 m.
Flugzeit: Von Anfang Mai bis September in zwei sich überschneidenden Generationen.
Lebensweise: Die Falter fliegen am Tage und in der Nacht. Im Sonnenschein eilen sie flink von Blüte zu Blüte, meist nur kurz am Nektar nippend. Zwischen den Nahrungsflügen ruhen sie mit gebreiteten Flügeln auf Pflanzen der niederen Vegetation.
Entwicklung: Die Raupe ist hellgrau, dunkel bestäubt, mit undeutlichen, hellen Rückenlinien und weißlichen Seitenstreifen. Sie lebt in der Blüte der Futterpflanze verborgen. Die Verpuppung erfolgt in einem sehr festen Erdkokon. Die Puppe überwintert.
Futterpflanzen: Ackerwinde.

Gefährdung
Nicht gefährdet

13–16 mm  

Weißbindige Nelkeneule

Hadéna cómpta

Familie Eulenfalter

Aussehen: Vorderflügel braungrau bis schwarzgrau, Ring- und Nierenmakel weiß, letztere mehr oder weniger dunkel ausgefüllt; von der Ringmakel führt eine bis zum Innenrand reichende weiße Binde. Hinterflügel grau, außen dunkler.
Vorkommen: Verbreitet, aber selten häufig, an Waldrändern und sonnigen Hängen, auf Heiden und Bergwiesen, an blütenreichen Bahndämmen, in Gärtnereien und Hausgärten. In den Alpen bis 2000 m.
Flugzeit: Von Ende April bis Anfang Juli und von Ende Juli bis September in zwei Generationen; in klimatisch ungünstigen Gebieten nur eine Generation.
Lebensweise: Nachtaktive Art, die u. a. gerne die Blüten von Sommerflieder und Heckenkirsche besucht. Untertags können Falter manchmal an Gartenpflanzen oder Hauswänden ruhend gefunden werden.
Entwicklung: Die rötlichgraue, rotbraun und gelbgrau gestreifte Raupe hält sich nur nachts auf der Futterpflanze auf. Die Verpuppung erfolgt in der Erde. Die Puppe überwintert.
Futterpflanzen: Blüten, Samenkapseln und Blätter von Wild- und Gartennelken.

Gefährdung

Nicht gefährdet

18–23 mm

Ahorneule
Acronícta áceris
Familie Eulenfalter

Aussehen: Vorderflügel aschgrau mit dunklen, gezackten und welligen Querstreifen; am Saum eine Reihe schwarzer Punkte. Hinterflügel weiß, die Adern braun bestäubt. Von ähnlichen Arten nicht leicht zu unterscheiden.
Vorkommen: In lichten Wäldern, Parks, Ahorn- und Kastanienalleen. In den Alpen bis über 1600 m.
Flugzeit: Von Mitte Mai bis August in einer Generation; im südlichen Mitteleuropa entwickeln sich zwei Generationen.
Lebensweise: Die Falter fliegen nur nachts; untertags ruhen sie gern an Baumstämmen und Telegrafenmasten. Ihre Färbung gibt ihnen eine ausgezeichnete Tarnung.
Entwicklung: Die erwachsen gelbe Raupe (Foto S. 124) ist auf dem Rücken mit weißen, schwarz eingefaßten Rautenflecken gezeichnet und seitlich mit langen, gelbroten Haarbüscheln besetzt. Bei Bedrohung rollt sie sich ringförmig zusammen, bis die Gefahr vorüber ist. Die Verwandlung vollzieht sich in einem festen Gespinst. Überwinterung im Puppenstadium.
Futterpflanzen: Ahorn, Roßkastanie und andere Laubholzarten.

Gefährdung
Nicht gefährdet

15–20 mm

Buchenkahneule

Pseudóips fagána (= prasinána)
Familie Eulenfalter

Aussehen: Vorderflügel grün mit beim Männchen rotem, beim Weibchen gelblichem Rand und drei geraden, weißlichen Querstreifen; Hinterflügel des Männchens gelblich, beim Weibchen weiß. Fühler rot.
Vorkommen: In Laub- und Mischwäldern, gehölzreichen Moorgebieten, Heckenlandschaften und Parks. Im Gebirge bis 1500 m.
Flugzeit: Von Anfang Mai bis Ende Juli in einer Generation; in den südlichen Alpentälern eine zweite Generation im Juli und August.
Lebensweise: Nachtaktive Art, die durch ihre grüne Färbung der Umgebung gut angepaßt ist, wenn sie sich im Blattwerk oder im niederen Bewuchs verbirgt. Gelegentlich an Baumstämmen ruhende Falter fallen eher ins Auge.
Entwicklung: Die Raupe ist grün, gelb gerieselt, mit drei gelben Längslinien. Sie verpuppt sich in einem kahnförmigen, pergamentartigen Gehäuse, das vorne gekielt ist (Name). Es wird auf der Oberseite eines Blattes angesponnen, meist nahe dem Boden. Die Puppe überwintert.
Futterpflanzen: Besonders Rotbuche, aber auch Hainbuche, Birke, Esche, Eiche und andere Gehölze.

Gefährdung

Nicht gefährdet

16–19 mm

Messingeule

Diachrýsia (= Plúsia) chrysítis
Familie Eulenfalter

Aussehen: Vorderflügel braun mit zwei breiten, metallisch grünen, messingfarbenen oder goldenen Querbändern, die oft miteinander verbunden sind; Hinterflügel braungrau.
Vorkommen: Verbreitet und noch ziemlich häufig in Wäldern, Moor- und Ufergebieten, auf Ödland, in Parks und Gärten bis 1800 m.
Flugzeit: Von Mai bis Anfang Juli und von Ende Juli bis September in zwei Generationen.
Lebensweise: Die Falter sind nächtliche Blütenbesucher, fliegen aber zuweilen auch bei Tage. Man kann sie öfters auf Blättern der Krautschicht ruhend entdecken, wobei die metallisch schimmernden Flügel, je nach Einfallwinkel des Sonnenlichts, auffällig leuchten.
Entwicklung: Die hellgrüne, mit feinen weißen Rückenlinien und Seitenstreifen gezeichnete Raupe hält sich häufig am Stengel oder an der Blattunterseite der Futterpflanze auf. Die im Herbst schlüpfende Raupengeneration überwintert. Verpuppung in einem lockeren Gespinst zwischen Pflanzenteilen.
Futterpflanzen: Brennessel und viele andere krautige Pflanzen.

Gefährdung

Nicht gefährdet

17–18 mm

Habichtskraut-Silberfleckeule
Autógrapha aémula
Familie Eulenfalter

Aussehen: Vorderflügel hellgrau, glänzend, mit feiner, brauner Bestäubung und zwei oft undeutlichen, licht ausgefüllten Querstreifen, die das in der Innenrandshälfte kastanienbraune Mittelfeld begrenzen; in der Spitze ein brauner Fleck. Das Mittelfeld trägt einen großen Silberfleck. Hinterflügel gelbbraun, am Saum dunkler. Die ähnliche Braune Silberfleckeule (*A. bractea*) ist größer, ihre Grundfärbung braun.
Vorkommen: Lokal auf alpinen Wiesen und Matten, besonders an feuchteren Stellen, zwischen 1000 und 2000 m.
Flugzeit: Von Juni bis August in einer Generation.
Lebensweise: Die vorwiegend nachtaktiven Falter sind manchmal auch am Tage fliegend zu beobachten, doch meist nur, wenn sie an ihren Ruheplätzen, im niederen Bewuchs, gestört werden.
Entwicklung: Die Raupe ist grün mit weißen, stark gewellten Rükkenlinien, gelblichen Seitenstreifen und langen Haaren. Sie überwintert und verpuppt sich in einem weißen Gespinst.
Futterpflanzen: Habichtskraut, Löwenzahn und andere Pflanzen.

Gefährdung
Potentiell gefährdet

13–16 mm

Braune Tageule
Euclídia (= Ectýpa) glýphica
Familie Eulenfalter

Aussehen: Vorderflügel braun, grau bestäubt, mit zwei dunkelbraunen Binden und einem schwärzlichen Fleck am Vorderrand, vor der Spitze; Hinterflügel braun mit gelbem, von einer braunen Binde geteiltem Feld.
Vorkommen: Verbreitet auf Waldlichtungen, an Waldrändern, auf trockenen und feuchten Wiesen, Brachen und Ruderalstellen. In den Alpen bis 2000 m.
Flugzeit: Von Ende April bis September in zwei Generationen; in höheren Lagen nur eine Generation.
Lebensweise: Die tagaktiven, ziemlich scheuen Falter flattern bei Sonnenschein eifrig von Blume zu Blume, dazwischen ruhen sie gern mit gebreiteten Flügeln auf Blüten oder Blättern. An bedeckten Tagen verbergen sie sich im niederen Bewuchs. Gestörte Falter fliegen entweder rasch auf oder verkriechen sich nahe dem Boden.
Entwicklung: Die schlanke Raupe ist rötlichbraun mit dunklen und hellen Längslinien. Sie verpuppt sich in einem Gespinst an der Erde; die Puppe überwintert.
Futterpflanzen: Kleearten, Luzerne, Hornklee, Hufeisenklee, Wicke und andere Schmetterlingsblütler.

Gefährdung
Nicht gefährdet

8–11 mm

Hornkrauteule

Paneméria tenebráta

Familie Eulenfalter

Aussehen: Vorderflügel dunkelbraun, in der Mitte grau aufgehellt; Hinterflügel schwärzlich mit einer breiten, gelben Binde. Von den meisten ähnlichen Arten durch die geringe Größe zu unterscheiden.
Vorkommen: Verbreitet auf trokkenen und feuchten Magerwiesen, an Waldrändern und auf Brachen. Höhenverbreitung bis 1600 m.
Flugzeit: Von Ende April bis Mitte Juni in einer Generation.
Lebensweise: Die Falter fliegen im Sonnenschein an blumenreichen Stellen zur Nahrungssuche aus. Bei sinkender Temperatur bleiben sie häufig reglos auf den Blüten sitzen, auf denen zuweilen auch kopulierende Pärchen zu beobachten sind. Die kleine Eulenart wird in ihren Lebensräumen leicht übersehen; sie ist auch nachts aktiv.
Entwicklung: Die gelbgrüne Raupe trägt dunkelgrüne und weißliche Linien und gelbe Seitenstreifen. Sie lebt vorwiegend in den Blüten und Früchten der Futterpflanze und verpuppt sich in einem tonnenförmigen Kokon an der Erde. Die Puppe überwintert.
Futterpflanzen: Hornkraut- und Sternmierearten.

Gefährdung

Nicht gefährdet

19–24 mm

Zackeneule
Scoliópteryx libátrix
Familie Eulenfalter

Aussehen: Grundfarbe hellbraun, Vorderflügel am Außenrand gezackt, weißgrau bestäubt, mit weißlichen Querlinien, im Wurzel- und Mittelfeld teilweise gelbrot bis scharlachrot. Hinterflügel grau mit dunkler Mittellinie.
Vorkommen: Verbreitet in feuchten Wäldern, Moor- und Ufergebieten, Heckenlandschaften und Parkanlagen. In den Alpen bis 2000 m.
Flugzeit: Von Juni bis August und von September – überwinternd – bis Mai in zwei Generationen.
Lebensweise: Die am Tage verborgen lebenden Falter besuchen nachts Blüten, nähren sich aber auch von überreifen Brombeeren und anderen Früchten. Zur Überwinterung suchen sie hohle Bäume, Höhlen oder andere geeignete Schlupfwinkel auf, aber auch Keller und Speicher werden häufig genutzt.
Entwicklung: Die schlanke Raupe ist grasgrün und trägt gelbe Seitenstreifen. Bei Störungen läßt sie sich sofort zu Boden fallen. Die Verwandlung erfolgt zwischen zusammengezogenen Blättern in einem dünnen, weißen Gespinst.
Futterpflanzen: Weiden- und Pappelarten.

Gefährdung
Nicht gefährdet

26–28 mm

Gelbes Ordensband
Ephésia fulmínea
Familie Eulenfalter

Aussehen: Vorderflügel aschgrau, das Wurzelfeld braungrau, im Mittelfeld gezackte Querlinien, dazwischen dunkle Einmischungen. Hinterflügel ockergelb mit brauner, unterbrochener Saumbinde und zwei braunen Streifen, die sich unter der Flügelmitte verbinden.
Vorkommen: Sehr lokal und selten an warmen, buschreichen Hängen und Waldrändern, in Heckengebieten, Parklandschaften und Streuobstwiesen. Höhenverbreitung in den Alpen bis 1200 m.
Flugzeit: Von Ende Juni bis August in einer Generation.
Lebensweise: Nachts aktive Art, die nur selten an ihren Ruheplätzen gefunden wird, zumal sie mit ihren rindenartig gefärbten Vorderflügeln eine ausgezeichnete Tarnung genießt.
Entwicklung: Das Ei überwintert. Die im Frühjahr schlüpfende Raupe ist grau oder braun mit braunen Punktwarzen, einem langen, spitzen Zapfen und vier kurzen Spitzen auf dem Rücken, was ihr das Aussehen eines Ästchens verleiht. Die Verpuppung erfolgt in einem leichten Gespinst.
Futterpflanzen: Schlehe, Pflaume, Eiche, Weißdorn.

Gefährdung

Stark gefährdet; geschützt

40–50 mm

Blaues Ordensband
Catócala fráxini
Familie Eulenfalter

Aussehen: Vorderflügel aschgrau mit doppelten, scharf gezackten, hell gefüllten Querlinien; Hinterflügel schwärzlich mit hellblauer Querbinde.
Vorkommen: Vereinzelt an Laubwaldrändern, in Auwäldern, Ufergehölzen und Alleen. Im Gebirge bis gegen 1600 m.
Flugzeit: Von Ende Juni bis Mitte Oktober, in den Tälern der Südalpen bis Mitte November, in einer Generation.
Lebensweise: Nachts aktive Art, die am Tage meist an Baumstämmen ruht, wo sie aufgrund ihrer rindenartigen Tarntracht selten entdeckt wird. Auf Störungen reagieren die scheuen Falter in der Regel mit sofortiger Flucht, was auch für andere Ordensbänder zutrifft. Die Nahrung besteht aus Baumsäften und reifen Früchten.
Entwicklung: Das Weibchen legt seine Eier einzeln in Rindenritzen, wo sie überwintern. Die grauen, fein schwarz punktierten Raupen leben am Tage im Geäst verborgen, an einen Zweig geschmiegt. Sie fressen nur nachts. Zur Verpuppung fertigen sie zwischen Blättern ein lockeres Gespinst.
Futterpflanzen: Pappel und Esche, seltener andere Laubbäume.

Gefährdung
Gefährdet; geschützt

35–39 mm

Rotes Ordensband
Catócala núpta
Familie Eulenfalter

Aussehen: Vorderflügel aschgrau, fein bräunlich bestäubt, mit dunklen, gezackten Querlinien, dadurch rindenartig aussehend. Hinterflügel rot mit breitem, schwarzem Saumband und einer ebenso gefärbten, rechtwinklig gebrochenen Binde in der Mitte. Von den anderen roten Ordensbändern nicht leicht zu unterscheiden.
Vorkommen: Verbreitet in Laub- und Mischwäldern, Ufergehölzen, Heckengebieten, Pappelalleen und Parks. Im Gebirge bis 1600 m.
Flugzeit: Von Juli bis Anfang Oktober in einer Generation.
Lebensweise: Die ziemlich langlebigen Falter sind nachtaktiv. Untertags ruhen sie meist an Baumstämmen, wo sie gut getarnt sind. Die rote Kontrastfärbung der Hinterflügel wird nur bei Gefahr gezeigt. Das kurze Zögern des dadurch erschreckten Angreifers nützt der Falter zur Flucht. Als Nahrung bevorzugt die Art Baumsäfte.
Entwicklung: Das Ei überwintert. Die rindenähnlich aussehende Raupe lebt sehr verborgen an der Futterpflanze. Sie verpuppt sich in einem Gespinst zwischen Blättern oder in Rindenritzen.
Futterpflanzen: Weide Pappel.

Gefährdung
Noch nicht gefährdet; geschützt

20–23 mm

Weißes Ordensband

Catéphia alchymista

Familie Eulenfalter

Aussehen: Vorderflügel schwarz mit tiefschwarzen Querlinien und bräunlichen Einmischungen, vor dem Saum ein gegen den Innenrand verbreiterter, hellbrauner Querstreifen; Hinterflügel schwärzlich mit großem, weißem Wurzelfleck und zwei weißen Saumflecken.

Vorkommen: In Eichenwäldern sowie Mischwäldern und Heckengebieten mit Eichenbeständen. Nördlich der Alpen lokal und selten, im Süden häufiger; in den Südalpen bis 800 m.

Flugzeit: Von Mai bis Juli in einer Generation; im Süden entwickelt sich an klimatisch günstigen Stellen eine zweite Generation.

Lebensweise: Die nachts fliegenden Falter sitzen tagsüber an Baumstämmen. Wo sie häufiger auftreten, erscheinen sie gelegentlich an Lichtquellen. Wie die meisten Ordensbänder ist auch diese Art sehr scheu.

Entwicklung: Die braune oder graue Raupe ist flechtenartig gezeichnet und schwarz punktiert. Die Verpuppung erfolgt in einem Gespinst meist nahe der Erde. Die Puppe überwintert.

Futterpflanzen: Eiche, vorwiegend Büsche.

Gefährdung

Stark gefährdet; geschützt

22–25 mm

Achateule
Phlogóphora meticulósa
Familie Eulenfalter

Aussehen: Vorderflügel ockergelb bis olivbraun, rosa übertönt, im Mittelfeld ein olivbrauner, v-förmiger Fleck; Hinterflügel gelblich, dunkel gezeichnet.
Vorkommen: Verbreitet in Wäldern und Moorgebieten, an Waldrändern, auf Heiden und Bergwiesen, in Parks und Gärten. In den Alpen bis 2000 m. Südliche Art, die alljährlich als Wanderfalter in Mitteleuropa erscheint und hier Nachkommenschaft hinterläßt.
Flugzeit: Einflug von April bis Juli; die nachfolgende Generation fliegt von August bis November.
Lebensweise: Die nachts fliegenden Falter besuchen Blüten. In der Ruhestellung sind die breiten Vorderflügel schmal gefaltet, wodurch die Ähnlichkeit mit einem welken Blatt entsteht.
Entwicklung: Die veränderliche, grünlich oder braun mit heller Rükkenlinie mit dunklen Schrägstrichen gezeichnete Raupe hält sich untertags verborgen. In Hausgärten lebt sie auch an eingetopften Pflanzen. Die Verpuppung erfolgt in einem lockeren Erdgespinst.
Futterpflanzen: Brennessel. Taubnessel, Storchschnabel, Winde und viele andere Pflanzen.

Gefährdung
Nicht gefährdet

15–16 mm

Rötlichbraune Johanniskrauteule
Actinótia polýodon
Familie Eulenfalter

Aussehen: Vorderflügel braun mit von der Wurzel ausgehender strohgelber, strahlartiger Zeichnung, die am Saum in spitzen Zacken endet; die deutlich sichtbare Nierenmakel ist hell gerandet. Hinterflügel gelbgrau, am Saum dunkler. Eine ähnliche, jedoch sehr seltene Art (*A. radiosa*) trägt auf den Hinterflügeln ein schwarzes Saumband.
Vorkommen: Nicht häufig, vor allem an trockenen Lokalitäten: warme Hänge, Heiden, Waldsäume, Wiesenraine. Höhenverbreitung bis 1600 m.
Flugzeit: Von April bis Juli in einer Generation; an klimatisch günstigen Stellen eine zweite Generation im August und September.
Lebensweise: Vorwiegend nachts aktive Art, die aber zuweilen auch am Tage beim Blütenbesuch angetroffen werden kann. Die Falter ruhen manchmal gut sichtbar auf Blättern der niederen Vegetation.
Entwicklung: Die Raupe ist rotbraun, schwarz punktiert, mit gelblichen Rückenlinien, schwärzlichen Schrägstreifen und gelben Seitenstreifen. Sie verpuppt sich an der Erde. Die Puppe überwintert.
Futterpflanzen: Johanniskraut und Tragant.

Gefährdung
Nicht gefährdet

22–24 mm

Grüne Eicheneule, Aprileule

Dichónia (= Gripósia) aprilína
Familie Eulenfalter

Aussehen: Vorderflügel türkisfarben bis moosgrün mit schwarzen, z. T. weiß abgesetzten Strichen und meist pfeilförmigen Flecken; dadurch flechtenähnlich aussehend. Hinterflügel schwärzlichgrau.
Vorkommen: Nicht häufig in Laub- und Mischwäldern mit älteren Eichenbeständen, in Eichenhainen und Parks. In der Höhenverbreitung auf das Vorkommen von Eiche beschränkt.
Flugzeit: Von Ende August bis November in einer Generation.
Lebensweise: Die nur nachts aktiven Falter sind durch ihre flechtenartige Schutztracht hervorragend getarnt, wenn sie an flechtenbewachsenen Stämmen oder Ästen sitzen. Zuweilen suchen sie aber Ruheplätze auf, die weniger Deckung gewähren, so daß Funde dennoch möglich sind.
Entwicklung: Die einzeln an Rinde abgelegten Eier überwintern. Die grünlichweiße mit schwarzbraunen Rautenflecken gezeichnete Raupe verbirgt sich am Tage in Rindenritzen. Sie verpuppt sich im Sommer in einem lockeren Erdgespinst.
Futterpflanzen: Eiche, selten Rotbuche, Esche, Linde, Pappel und andere Laubholzarten.

Gefährdung

Noch nicht gefährdet;

11–16 mm

Nadelwald-Flechteneule

Laspéyria fléxula
Familie Eulenfalter

Aussehen: Vorderflügel in der Spitze sichelförmig, aschgrau, vor dem Saum mehr oder weniger rotbraun verdunkelt. Die licht ausgefüllten Querstreifen sind am Vorderrand rechtwinklig gebrochen, dazwischen befinden sich zwei schwarze Punkte. Hinterflügel bleicher mit hellem Mittelstreifen.
Vorkommen: Meist lokal und nur zuweilen häufig in flechtenreichen Nadel- und Mischwäldern, Bruchwäldern, Niedermoorgebieten und Bergkiefernhochmooren. In den Alpen bis 1600 m.
Flugzeit: Von Juni bis September in ein bis zwei Generationen.
Lebensweise: Nachtaktive Art, die nur selten am Tage gefunden wird, was wohl auch auf ihre rindenähnliche Tarntracht zurückzuführen ist.
Entwicklung: Die schlanke Raupe ist weißlichgrau oder grünlich, mit flechtenartiger Zeichnung, schwarzen Schrägstreifen an den Seiten und dunkler Rückenlinie. Sie überwintert und verwandelt sich in einem gelblichgrauen, oft zwischen Nadeln angelegten Gespinst.
Futterpflanzen: Rindenflechten und Rindenalgen an Ästen und Stämmen von Nadel- und Laubbäumen.

Gefährdung
Nicht gefährdet

33–45 mm

Kiefernschwärmer
Hylóicus pinástri
Familie Schwärmer

Aussehen: Vorderflügel aschgrau mit braunen Einmischungen und mehr oder weniger deutlichen schwarzen Strichen; Hinterflügel braungrau.
Vorkommen: In Kiefern- und Fichtenwäldern sowie in Heidegebieten, seltener in Parks und Gärten. In den Alpen bis 1600 m.
Flugzeit: Von Mitte Mai bis August in ein bis zwei Generationen.
Lebensweise: Der Schwärmer erscheint bereits in der Dämmerung an stark duftenden Blüten, der Paarungsflug findet dagegen erst nachts statt. Er ruht gerne an Baumstämmen, denen seine Färbung hervorragend angepaßt ist. Frisch geschlüpfte Falter sind untertags manchmal im niederen Bewuchs zu finden, bis der abendliche Flug beginnt.
Entwicklung: Die erwachsen grüne, mit gelblichweißen Längsstreifen und einem rotbraunen Rückenstreifen gezeichnete Raupe (das Foto zeigt das Jugendstadium) lebt vorwiegend in den Baumkronen, sie wurde aber auch schon an unteren Ästen gefunden. Die Verpuppung erfolgt am Fuß der Stämme. Die Puppe überwintert.
Futterpflanzen: Kiefer, seltener Fichte, Lärche und Tanne.

Gefährdung
Nicht gefährdet

35–47 mm

Pappelschwärmer

Laóthoe pópuli

Familie Schwärmer

Aussehen: Flügel breit, am Saum gewellt. Grundfarbe grau bis rötlich mit hell- und dunkelbraunen Querbändern und Linien; Hinterflügel mit großem rostroten Fleck am Innenrand. Der ähnliche, aber hellere Eichenschwärmer (*Marumba quercus*) ist nördlich der Alpen nicht heimisch.

Vorkommen: Weit verbreitet in feuchteren Wäldern, an Bach- und Flußufern, in Moorgebieten, Parks und Gärten. Im Gebirge bis 2000 m.

Flugzeit: Von Ende April bis Juni und von Mitte Juli bis September, in zwei Generationen.

Lebensweise: Die nachtaktive Art besucht keine Blüten, da der verkümmerte Rüssel eine Nahrungsaufnahme ausschließt. Der ruhende Falter stellt die Hinterflügel seitlich aus, während die Vorderflügel herunterhängen, wodurch er welken Blättern ähnelt.

Entwicklung: Die variable Raupe ist erwachsen in der Regel gelbgrün mit gelben, erhabenen Punkten und gelben Schrägstreifen an den Seiten. Zur Verpuppung dringt sie nahe der Fraßpflanze in den Boden ein. Die Puppe überwintert.

Futterpflanzen: Pappel und Weide, seltener andere Gehölzarten.

Gefährdung

Nicht gefährdet

30–38 mm

Lindenschwärmer
Mímas tíliae
Familie Schwärmer

Aussehen: Grundfarbe der Vorderflügel von graugrün bis rotbraun variierend, das Außenfeld dunkler, im Mittelfeld zwei olivbraune oder olivgrüne Flecken, die oft miteinander verbunden sind. Hinterflügel bräunlich, innen und außen mehr oder weniger verdunkelt.
Vorkommen: An Waldrändern, in Moorgebieten und Heckenlandschaften, Lindenalleen und Parks. Höhenverbreitung bis 1500 m.
Flugzeit: Von Ende April bis Juli in einer Generation. Vereinzelt schlüpfen Falter der nächsten Generation bereits im Herbst.
Lebensweise: Nachts fliegende Art, die tagsüber meist an Stämmen oder Zweigen ruht, wo sie aufgrund der hängenden Flügelstellung einem welken Blatt ähnelt.
Entwicklung: Die grüne, seitlich mit sieben gelben, oben rötlich gesäumten Schrägstreifen gezeichnete Raupe trägt am Hinterleibsende ein blaues oder grünes Horn. Zur Verpuppung verläßt sie den Nahrungsbaum, um am Fuß des Stammes in der Erde eine Höhlung zu fertigen. Die Puppe überwintert.
Futterpflanzen: Vorwiegend Linde und Ulme, seltener Birke, Erle, Eiche und andere Laubbäume.

Gefährdung
Nicht gefährdet

21–25 mm

Kleiner Weinschwärmer
Deiléphila porcéllus
Familie Schwärmer

Aussehen: Vorderflügel gelbgrün, olivgrün gestreift, am Vorderrand und entlang des Saumes weinrot; Hinterflügel ähnlich, das vordere Drittel verdunkelt. Beim größeren Mittleren Weinschwärmer (*D. elpenor*) ist der Saum rosa.
Vorkommen: In Wäldern, Mooren und Ufergebieten, an trockenen Hängen und auf Ödland; seltener in Hausgärten mit Weinreben. In den Alpen bis 2000 m.
Flugzeit: Von Mitte Mai bis Juli in einer Generation; im südlichen Mitteleuropa eine zweite Generation im August.
Lebensweise: Dämmerungs- und nachtaktive Art, die bei Sonnenuntergang mit dem Nahrungsflug beginnt, der sie auch in Gärten führt. Ruhende Falter werden manchmal in der niederen Vegetation gefunden.
Entwicklung: Die Raupe ist graubraun, seltener grün, dunkel gestrichelt, mit drei schwarzen Augenflecken an den Seiten. Sie lebt tagsüber am Boden verborgen. Die Verpuppung erfolgt in der Erde in einem leichten Gespinst. Die Puppe überwintert.
Futterpflanzen: Weidenröschen, Labkraut, Springkraut, Weinrebe, und andere Pflanzen.

Gefährdung
Nicht gefährdet

18–24 mm

Taubenschwänzchen
Magroglóssum stellátarum
Familie Schwärmer

Aussehen: Vorderflügel graubraun mit schwärzlichen Querlinien, Hinterflügel rostgelb; am Hinterleib ein Afterbusch (Name).
Vorkommen: Als Wanderfalter vielerorts auftretend, besonders auf Magerwiesen, an Waldrändern, auf Brachen und Bergwiesen, bis 3000 m.
Flugzeit: Von April bis Oktober in zwei Generationen, von denen die erste überwiegend von eingewanderten Faltern gebildet wird.
Lebensweise: Der tagaktive Schwärmer kann bis Sonnenuntergang beim Nektarsaugen beobachtet werden, besonders an Gartenstauden, Sommerflieder und Balkonblumen. Er huscht flink von Blüte zu Blüte und nimmt mit seinem langen Rüssel die Nahrung im Flug auf. Die Falter der zweiten Generation wandern zum Teil im Herbst südwärts; manche versuchen zu überwintern, was aber, zumindest nördlich der Alpen, nur wenigen gelingt.
Entwicklung: Die Raupe ist grün oder braun mit hellen Längsstreifen und einem Afterhorn. Sie verpuppt sich am Boden zwischen Blättern in einem Gespinst.
Futterpflanzen: Labkraut, Miere und Färberröte.

Gefährdung
Nicht gefährdet

44–50 mm

Ligusterschwärmer
Sphínx ligústri
Familie Schwärmer

Aussehen: Vorderflügel dunkelbraun, teilweise graubraun bestäubt; Hinterflügel rosa mit schwarzen Bändern. Hinterleib rosa gefärbt und dunkel gebändert. Beim ähnlichen Windenschwärmer (*Agrius convolvuli*) sind die Hinterflügel grau.
Vorkommen: Verbreitet, doch selten häufig, in Heckenlandschaften und Ufergehölzen, an Waldrändern, in Parks und Gärten, bis 1500 m.
Flugzeit: Von Ende April bis August in einer Generation.
Lebensweise: Die Falter schwärmen schon in der Dämmerung aus, um mit ihren langen Rüsseln im Schwebeflug an nachts geöffneten Blüten zu saugen.
Entwicklung: Eiablage auf der Unterseite des Blattes, meist entlang der Mittelrippe. Die erwachsen hellgrüne mit weißen und violetten Querstreifen gezeichnete Raupe trägt am Körperende ein Horn. In der Gartenhecke verrät sie ihre Anwesenheit durch große Kotballen, die auf das untere Blattwerk fallen. Die an ihrer kurzen, angelegten Rüsselscheide zu erkennende Puppe überwintert in einer Erdhöhle.
Futterpflanzen: Liguster, Spiräe, Esche und andere Sräucher.

Gefährdung
Noch nicht gefährdet; geschützt

33–44 mm

Abendpfauenauge
Smerínthus ocelláta
Familie Schwärmer

Aussehen: Vorderflügel mit grauen und braunen, violett schattierten Querbändern, Linien und Flecken; Hinterflügel gelblich und rosenrot mit schwarz gerandetem Augenfleck.
Vorkommen: Verbreitet an Waldrändern, in Moorgebieten, Ufergehölzen, Hecken und Parks. In den Alpen bis gegen 2000 m.
Flugzeit: Von Mai bis Juli, im Gebirge bis August, in einer Generation.
Lebensweise: Die Falter schwärmen zuweilen schon bei Einbruch der Dunkelheit, in der Regel aber erst spätnachts. Sie nehmen keine Nahrung zu sich. Bei Gefahr wird durch ruckartiges Heben der Vorderflügel die Augenzeichnung der Hinterflügel sichtbar; rhythmische Bewegungen des Körpers und der nach oben gekrümmte Hinterleib verstärken beim Angreifer noch den Eindruck, ein gefährliches Tier vor sich zu haben.
Entwicklung: Die blaugrüne mit weißlichen Schrägstreifen gezeichnete Raupe trägt am Körperende ein bläuliches Horn. Verpuppung an oder in der Erde. Die Puppe überwintert.
Futterpflanzen: Weide, Pappel und andere Gehölzarten.

Gefährdung
Noch nicht gefährdet; geschützt

35–40 mm

Wolfsmilchschwärmer

Hýles euphórbiae

Familie Schwärmer

Aussehen: Vorderflügel hellgrau und gelblich, oft rötlich überlaufen, mit olivgrünen Binden und Flekken; Hinterflügel rosenrot mit schwärzlichen Bändern.
Vorkommen: In Mitteleuropa nur lokal in wärmeren Gegenden heimisch, im nördlichen Teil meist nur als Wanderfalter auftretend. Bevorzugte Lebensräume sind: trokkene Hänge, Heiden, Brachen und Ödland bis 2000 m.
Flugzeit: Von Mai bis Juli, teilweise auch im August und September, in ein bis zwei Generationen.
Lebensweise: Der dämmerungs- und nachtaktive Schwärmer erscheint schon in den Abendstunden zum Blütenbesuch. Untertags ruht er in dichtem Bewuchs.
Entwicklung: Die Raupe (Foto S. 124) ist erwachsen dunkelgrün mit roter Rückenlinie, weißlichen Punkten und Flecken und einem roten Horn am Körperende. Ihre bunte Färbung signalisiert Ungenießbarkeit, die auf den mit dem Futter aufgenommenen Giftstoffen beruht. So kann sie sich auch tagsüber ungefährdet auf der Fraßpflanze aufhalten. Sie verpuppt sich in einem Gespinst in der Erde. Die meisten Puppen überwintern.
Futterpflanzen: Wolfsmilcharten.

Gefährdung

Gefährdet; geschützt

45–60 mm

Totenkopfschwärmer

Acherόntia átropos

Familie Schwärmer

Aussehen: Vorderflügel dunkelbraun, hell marmoriert; Hinterflügel und Hinterleib gelb, schwarz gebändert. Das Bruststück trägt ein totenkopfähnliches Mal.
Vorkommen: Die in Mitteleuropa nicht bodenständige Art wandert alljährlich aus Südeuropa und Afrika ein, um an unterschiedlichen Plätzen für Nachkommenschaft zu sorgen, die aber den Winter nicht übersteht. Für die Fortpflanzung werden Kartoffeläcker bevorzugt.
Flugzeit: Einwanderung von Mai bis Juli, die nachfolgende Generation fliegt im Herbst.
Lebensweise: Der nachtaktive Schwärmer nährt sich vorwiegend von Baumsäften, sein großes Süßigkeitsbedürfnis läßt ihn aber auch in Bienenstöcke eindringen, um am Honig zu naschen. Bei Gefahr vermag er piepsende Töne von sich zu geben. Sein Anblick hat früher bei abergläubischen Menschen Erschrecken und Angst hervorgerufen.
Entwicklung: Die meist gelbgrüne Raupe ist mit schwarzen Punkten und blauen Schrägstreifen gezeichnet. Sie verpuppt sich tief im Boden in einer Erdhöhle (Foto).
Futterpflanzen: Kartoffel und andere Nachtschattengewächse.

Gefährdung

Nicht gefährdet

17–21 mm

Traubenkirschen-Harlekin
Calóspilos sylváta
Familie Spanner

Aussehen: Flügel weiß mit bleigrauen Flecken. Die Vorderflügel tragen an der Wurzel und am Innenrand, die Hinterflügel nur am inneren Rand einen schwärzlichen Fleck mit rostroter und bläulicher Einmischung.
Vorkommen: Lokal nicht selten in feuchteren Laub- und Mischwäldern, Au- und Schluchtwäldern bis um 1100 m.
Flugzeit: Von Ende Mai bis Mitte August in einer Generation.
Lebensweise: Die vorwiegend dämmerungs- und nachtaktiven Spanner sitzen am Tage mit ausgebreiteten Flügeln an Stämmen, im Blattwerk von Sträuchern oder im bodendeckenden Bewuchs, von wo sie manchmal auffliegen. Auf der Oberseite von Blättern ruhende Falter fallen sehr ins Auge, obwohl ihre Färbung an Vogelkot erinnert. Möglicherweise genießen sie dadurch einen gewissen Schutz vor Feinden.
Entwicklung: Die Raupe ist bläulichweiß, oben gelblich mit dunklen Rückenlinien und schwarzen Seitenstreifen. Die Verwandlung erfolgt in einem Gespinst am Boden. Die Puppe überwintert.
Futterpflanzen: Besonders Ulme und Traubenkirschene.

Gefährdung

Noch nicht gefährdet; geschützt

19–25 mm

Schwarzaderspanner
Sióna lineáta
Familie Spanner

Aussehen: Flügel weiß, die Oberseite zeichnungslos. Die schwarzen Adern auf der Unterseite sowie das dunkle Querband und der Mittelfleck der Vorderflügel durchscheinend.
Vorkommen: Verbreitet, gebietsweise aber nur lokal auftretend, auf Wald- und Moorwiesen, an Waldsäumen, Bachufern und auf Bergwiesen bis 2000 m.
Flugzeit: Von Ende Mai bis Anfang Juli in einer Generation.
Lebensweise: Eine tag- und nachtaktive Art, die bei sonniger Witterung Blumen besucht, die meiste Zeit aber in der Wiesenvegetation ruht, und zwar bevorzugt an Grashalmen, wo sie aufgrund ihrer Größe und hellen Färbung kaum zu übersehen ist. Aufgescheuchte Falter fliegen selten weit.
Entwicklung: Die Eier werden reihenweise an die Futterpflanze geheftet. Die gelblichgraue mit unregelmäßigen Wellenlinien, dunkler Rückenlinie und gelben Seitenstreifen gezeichnete Raupe überwintert. Sie verpuppt sich in einem spindelförmigen Kokon, meist an Gräsern.
Futterpflanzen: Wegerich, Glokkenblume, Thymian, Löwenzahn, Johanniskraut.

Gefährdung
Nicht gefährdet

17–20 mm

Erlen-Zackenrandspanner
Énnomos alniária
Familie Spanner

Aussehen: Flügel ockergelb, braun gesprenkelt, die Vorderflügel mit zwei gleichmäßig gebogenen, dunklen Querlinien und dunklem Mittelfleck; Hinterflügel meist mit deutlichem Mittelstrich. Die Flügelränder sind gezackt, der Körper ist schwefelgelb behaart. Nicht leicht von anderen Arten der Gattung zu unterscheiden.
Vorkommen: Verbreitet, aber nur gebietsweise häufig, in Laub- und Mischwäldern, Moor- und Ufergebieten, Heckenlandschaften und Parks. In den Alpen nur in den tieferen Tälern.
Flugzeit: Von Anfang Juli bis Ende Oktober in einer Generation.
Lebensweise: Die nachts fliegenden Falter leben untertags verborgen, so daß sie nur selten gefunden werden. Ihre Flugaktivitäten dienen nur der Fortpflanzung, da sie keine Nahrung zu sich nehmen. In der Ruhe stellen sie die Flügel schräg nach oben.
Entwicklung: Das Ei überwintert. Die sehr lange und dünne Raupe ist braun, dunkel marmoriert, mit Höckern auf dem Rücken. Sie verpuppt sich in einem dichten Kokon in der Bodenstreu.
Futterpflanzen: Birke, Erle, Weide, Pappel, Linde.

Gefährdung
Nicht gefährdet

18–24 mm   

Mondfleckspanner

Selénia tetralunária

Familie Spanner

Aussehen: Grundfarbe dunkelviolett, gegen den Saum breit weißlich aufgehellt, die Vorderflügel unter der Spitze mit lilabraunem Mondfleck und einem halbmondförmigen Glasfleck im dunklen Innenteil; ein solcher Fleck findet sich auch auf den Hinterflügeln. Die Falter der zweiten Generation sind kleiner und heller, mehr rötlichbraun.

Vorkommen: In lichten Laub- und Mischwäldern, Moor- und Ufergebieten, Hecken und Parkanlagen. In den Alpen bis 1400 m.

Flugzeit: Von Ende März bis Anfang Juni und von Ende Juni bis Mitte August in zwei Generationen.

Lebensweise: Die nachtaktiven Falter flattern manchmal am Tag aus der Vegetation auf. Sie ruhen wie Tagfalter mit nach oben gestellten Flügeln, was auch für verwandte Arten charakteristisch ist.

Entwicklung: Die Raupe ist rindenartig gefärbt, grau oder braun, dunkel gefleckt mit spitzen Hökkern. Verpuppung in einem leichten Gespinst an der Erde, zwischen Blättern. Die Puppe überwintert.

Futterpflanzen: Eiche, Linde, Erle, Hasel, Weide, Birke und andere Laubholzarten.

Gefährdung

Nicht gefährdet

10–13 mm

Schmuckspanner
Scópula ornáta
Familie Spanner

Aussehen: Flügel glänzend silberweiß, am Saum mit zwei breiten, graubraunen Querstreifen, von denen der innere mehr oder weniger kräftige gelbbraune Flecken aufweist, die wurzelwärts schwarz begrenzt sind. Der gewellte Mittelstreifen und die in Punkte aufgelöste innere Querlinie sind meist undeutlich.
Vorkommen: Auf Wiesen und Ödland, an buschreichen Hängen und Waldrändern. In den Alpen bis über 1400 m.
Flugzeit: Von Anfang Mai bis Oktober in zwei bis drei Generationen; an klimatisch ungünstigen Stellen und in den höheren Lagen der Gebirge nur eine Generation im Juni und Juli.
Lebensweise: Die vorwiegend nachtaktiven Falter kann man manchmal auf Blättern ruhend entdecken, wo sie aufgrund ihrer Färbung sehr augenfällig wirken. Sie lassen sich auch aus der Vegetation aufscheuchen.
Entwicklung: Die schlanke Raupe ist grau, am Rücken bräunlich mit dunklen Flecken; Rückenlinie hell. Sie überwintert und verpuppt sich im April oder Mai.
Futterpflanzen: Schafgarbe, Thymian und andere Pflanzen.

Gefährdung
Nicht gefährdet

15–18 mm

Pantherspanner
Pseudopanthéra maculária
Familie Spanner

Aussehen: Flügel goldgelb mit zahlreichen schwarzen Flecken. Grundfärbung und Fleckenzeichnung verblaßt oft schon nach wenigen Flugtagen.
Vorkommen: Verbreitet, gebietsweise aber nur lokal, auf Waldlichtungen und Schlägen, an Waldrändern, in buschbestandenem Offenland und an vegetationsreichen Berghängen. Höhenverbreitung in den Alpen bis 1900 m.
Flugzeit: Von Ende April bis Mitte Juli in einer Generation.
Lebensweise: Die tagfliegenden Falter kann man bei Sonnenschein oft in Anzahl beim Blumenbesuch beobachten, wobei sie nicht sehr wählerisch sind. Zwischen den Flügen ruhen sie mit Vorliebe auf Gräsern oder Blättern der Krautschicht. Auf Beunruhigungen reagieren sie mit Flügelschlagen und in den meisten Fällen mit baldigem Abflug.
Entwicklung: Die schlanke Raupe ist grün mit dunkler Rückenlinie, weißen Nebenrückenlinien und weißen Seitenstreifen. Sie verpuppt sich in einem mit Erde vermischten Gespinst. Die Puppe überwintert.
Futterpflanzen: Taubnessel, Ziest, Gamander, Hauhechel, Minze und andere niedere Pflanzen.

Gefährdung
Nicht gefährdet

13–14 mm

Buntgebänderter Blattspanner
Xanthórhoe designáta
Familie Spanner

Aussehen: Vorderflügel aschgrau, das Wurzel- und Mittelfeld rötlichbraun. Letzteres ist innen von einem schwarzen Querband, außen von schwärzlichen Querlinien begrenzt, die saumwärts zwei vorspringende Zacken bilden. Hinterflügel grau mit Querlinien.
Vorkommen: Lokal in feuchten Wäldern, in Moor- und Ufergebieten, seltener in Parks und Gärten. In den Alpen bis 2000 m.
Flugzeit: Von Ende April bis Mitte Juni und von Anfang Juli bis Mitte September in zwei Generationen; in höheren Lagen nur eine Generation im Juni und Juli.

Lebensweise: Die nachts aktiven Falter ruhen untertags an Baumstämmen, im Blattwerk von Sträuchern oder in der niederen Vegetation, von wo sie bei Störungen manchmal auffliegen.
Entwicklung: Die Raupe ist braun, auf den letzten Segmenten heller. Auf dem mit einem Rautenmuster gezeichneten Rücken finden sich schwarze Flecken. Die Verpuppung vollzieht sich in einem Gespinst in der Erde. Die Puppe überwintert.
Futterpflanzen: Schaumkrautarten, Brunnenkresse, Lauch, Hederich und andere Kreuzblütler.

Gefährdung
Nicht gefährdet

31–32 mm

Birkenspanner
Bíston betulária
Familie Spanner

Aussehen: Grundfarbe weiß, mehr oder weniger dicht schwarz gesprenkelt. Daneben treten Falter mit nur sehr spärlichem Weiß der Grundfärbung (Foto) sowie einfarbig schwarze auf.
Vorkommen: Verbreitet in Laub- und Mischwäldern, Feld- und Ufergehölzen, Moorgebieten, Parks und Gärten bis 2000 m.
Flugzeit: Von Anfang Mai bis Ende Juli in einer Generation; in den Südalpentälern fliegt bis Oktober eine zweite Generation.
Lebensweise: Die nachts aktiven Falter ruhen untertags mit Vorliebe an Birkenstämmen und anderen flechtenbewachsenen Bäumen, wo die helle Form hervorragend getarnt ist (Foto), im Gegensatz zu den dunklen Formen, die deshalb eher Vögeln zum Opfer fallen. Durch das Absterben der Flechten infolge der Umweltverschmutzung ist jedoch die hellere Stammform gebietsweise im Rückgang begriffen, da sie zunehmend die tarnenden Ruheplätze verliert.
Entwicklung: Die in der Färbung sehr variable Raupe verpuppt sich ohne Gespinst in der Erde. Die Puppe überwintert.
Futterpflanzen: Birke, Eiche, Pappel und andere Laubgehölze.

Gefährdung
Nicht gefährdet

18–22 mm

Rauschbeerspanner
Arichánna melanaria
Familie Spanner

Aussehen: Grundfarbe der Vorderflügel weiß, innen grau übertönt, mit in schwarze Flecke aufgelösten Querbändern; Hinterflügel gelb mit schwärzlichen Flecken.
Vorkommen: Sehr lokal in Hochmooren, besonders auf verheideten Flächen mit Spirkenbeständen, und in Bruchwäldern; wurde aber auch schon in Wäldern und Feuchtgebieten, die nicht auf Torfboden gründen, festgestellt.
Flugzeit: Von Juni bis Anfang September in einer Generation.
Lebensweise: Die überwiegend nachtaktiven Spanner ruhen am Tage sowohl in der bodendeckenden Krautschicht als auch an Stämmen und Ästen der Gehölze. Sie lassen sich leicht aufscheuchen. Gelegentlich fliegen sie auch ungestört aus der Vegetation.
Entwicklung: Die Raupe ist gelb mit zahlreichen gewellten, schwarzen Längslinien, die sich über der orangegelb gefleckten Seitenkante verdicken. Nach der Überwinterung sitzt sie bereits im Vorfrühling an den Knospen der Fraßpflanze. Verpuppung im Juni.
Futterpflanzen: Rauschbeere, Moorsbeere und Sumpfporst. Nahrungspflanzen außerhalb von Hochmooren sind unbekannt.

Gefährdung

Gefährdet; geschützt

18–20 mm

Dunkelbrauner Haarbuschspanner
Eulíthis prunáta
Familie Spanner

Aussehen: Vorderflügel dunkelbraun, am Saum heller, das Mittelfeld innen und außen von welligen und gezackten, weißen Querlinien begrenzt; Hinterflügel weißgrau mit dunklem Mittelfleck und drei hellen Zackenlinien vor dem Saum. Von einigen ähnlichen Arten nicht leicht zu unterscheiden.
Vorkommen: Verbreitet, jedoch selten häufig, an Waldrändern, in Heckengebieten, Beerenanlagen und Baumschulen. Höhenverbreitung im Gebirge bis 1600 m.
Flugzeit: Von Ende Juni bis Ende September in einer Generation.
Lebensweise: Die nachts fliegenden Falter halten sich am Tage meist verborgen, nur vereinzelt sind sie auf Blättern ruhend zu beobachten.
Entwicklung: Das Ei überwintert. Die Raupe ist dunkelgrün oder braun, am zweiten Segment wulstig verdickt, mit weißer und rotbrauner Fleckenzeichnung. Sie verpuppt sich in einem lockeren Gespinst zwischen Blättern der Fraßpflanze.
Futterpflanzen: Eiche, Schlehe, Weißdorn, Stachelbeere, Johannisbeere.

Gefährdung
Nicht gefährdet

11–15 mm

Schwarzfleckenspanner

Lomáspilis margináta

Familie Spanner

Aussehen: Flügel weiß, am Saum und Vorderrand der Vorderflügel mit breiter, schwarzer Binde, die stellenweise unterbrochen ist. In der Mitte finden sich meist schwarze Flecken, die auch zu einem Band vereinigt sein können. In der Ausdehnung der schwarzen Flekken sehr variabel.

Vorkommen: Verbreitet in feuchteren Wäldern, in Moor- und Ufergebieten sowie in Parks. Im Gebirge bis 1700 m.

Flugzeit: Von Ende April bis Mitte August in zwei Generationen; in den höheren Lagen nur in einer Generation von Mai bis August.

Lebensweise: Die hauptsächlich nachts aktiven Falter gaukeln zuweilen am Tage durch das Unterholz oder über schattigen Waldwegen. Meist ruhen sie jedoch mit ausgebreiteten Flügeln auf der Ober- oder Unterseite von Blättern. Im ersteren Falle sehen sie auf Blattwerk gefallenem Vogelkot sehr ähnlich.

Entwicklung: Die dunkelgrüne mit feinen dunklen Rückenlinien und weißlichen Seitenstreifen gezeichnete Raupe verpuppt sich am Boden. Die Puppe überwintert.

Futterpflanzen: Weide, Espe, Birke, Hasel.

Gefährdung

Nicht gefährdet

9–10 mm

Purpurstreifiger Moorheidespanner
Idáea muricáta
Familie Spanner

Aussehen: Flügel goldgelb, mehr oder weniger dicht purpurrot bestäubt, so daß die Grundfarbe meist nur am Saum und im Mittelfeld sichtbar bleibt; vor dem Saum findet sich ein schwärzlich violetter Querstreifen.
Vorkommen: Auf Moorwiesen, aber auch auf trockenen Magerwiesen und an grasreichen Waldsäumen. Höhenverbreitung bis 1300 m.
Flugzeit: Von Mitte Juni bis August in einer Generation; an klimatisch günstigen Orten zwei Generationen, bis September.
Lebensweise: Vorwiegend nachtaktive Art. Die kleinen Falter bevorzugen als Ruheplätze Grashalme, wo sie allerdings, trotz ihrer lebhaften Färbung, kaum ins Auge fallen. Meist werden sie erst gesehen, wenn sie aufgescheucht aus der Vegetation torkeln, um gleich wieder schutzsuchend im Gräsermeer zu verschwinden.
Entwicklung: Die Raupe ist in der Färbung sehr variabel, bräunlich, grau oder rötlich, mit dunkel eingefaßter Rückenlinie und dunklen Rautenflecken. Sie überwintert.
Futterpflanzen: Sumpflabkraut, Sumpfblutauge, Wegerich, Knöterich und andere niedere Pflanzen.

Gefährdung
Gefährdet

17–20 mm

Besenginster-Rotbandspanner
Rhodostróphia calábra
Familie Spanner

Aussehen: Grundfarbe gelblich, die Vorderflügel mit drei roten Querlinien, von denen die beiden äußeren sich auf den Hinterflügeln fortsetzen. Der Raum zwischen den äußeren Querlinien ist meist rot ausgefüllt; die Fransen sind ebenfalls rot. Beim sehr ähnlichen Rotbandspanner *(Rh. vibicaria)* liegen die äußeren Querlinien weiter auseinander, und die Grundfärbung ist bleicher gelb.
Vorkommen: Südliche Art, die nördlich der Alpen nur sehr lokal und selten in warmen, trockenen Biotopen auftritt. In den Südtälern der Alpen und den inneralpinen Trockentälern ist sie bis 1100 m verbreitet und meist häufig.
Flugzeit: Von Anfang Mai bis Mitte Juli in einer Generation.
Lebensweise: Die vorwiegend nachtaktiven Falter fliegen zuweilen auch am Tage. Sie ruhen gerne an Grashalmen und lassen sich leicht aufscheuchen.
Entwicklung: Die sehr schlanke Raupe ist blaugrau, grau oder gelbbraun, an den Seiten holzfarben, mit dunkler, hellgefleckter Mittellinie. Sie überwintert und verpuppt sich in einem leichten Gespinst.
Futterpflanzen: Besenginster und andere Ginsterarten.

Gefährdung

Stark gefährdet; geschützt

16–23 mm

Zitronenspanner
Opisthográptis luteoláta
Familie Spanner

Aussehen: Flügel zitronengelb mit fleckenartig aufgelösten, grauen Querlinien. Am Vorderrand der Vorderflügel finden sich ein weißer, schwarzgerandeter Fleck und einige rostrote Flecken unterschiedlicher Größe.
Vorkommen: In lichten Laub- und Mischwäldern, Hainen, Heckengebieten, Parks und Gärten. In den Alpen bis über 1500 m.
Flugzeit: Von Mai bis Juli in einer Generation; in klimatisch günstigen Gebieten zwei Generationen von April bis September.
Lebensweise: Die mit gebreiteten Flügeln gern im Blattwerk von Sträuchern ruhenden Spanner fliegen zuweilen auch bei Tage. Aufgescheuchte Falter schlagen am nächsten Zufluchtsort die Flügel eine Zeitlang über dem Rücken zusammen, ein Verhalten, das man auch bei anderen Spannerarten beobachten kann.
Entwicklung: Die Raupe ist grün oder bräunlichgrau mit höckerigem Querwulst auf dem Rücken. Sie verpuppt sich am Boden in einem dichten Gespinst. Die Puppe überwintert, manchmal auch die Raupe.
Futterpflanzen: Weißdorn, Schlehe und andere Laubhölzer.

Gefährdung
Nicht gefährdet

17–22 mm

Harlekin, Stachelbeerspanner
Abraxás grossulariáta
Familie Spanner

Aussehen: Grundfarbe weiß, Vorderflügel an der Wurzel und am Außenrand des Mittelfeldes mit dottergelben Querstreifen und Reihen schwarzer Flecke; Hinterflügel spärlicher schwarz gefleckt.
Vorkommen: Lokal und meist selten in feuchteren Wäldern, an Waldrändern, in Heckengebieten, Ufergehölzen, Parks und Gärten. Im Norden Deutschlands häufiger. Höhenverbreitung bis 1500 m.
Flugzeit: Von Juni bis Anfang September in einer Generation.
Lebensweise: Die vorwiegend dämmerungs- und nachtaktiven Falter flattern auch manchmal am Tage um Gebüsch, sonst ruhen sie meist an Blättern von Gehölzen.
Entwicklung: Die Eier werden an Blätter der Futterpflanze abgelegt. Die im Sommer schlüpfende Raupe ist gelblichweiß mit schwarzen Flecken und orangegelben Seitenstreifen. Im Herbst läßt sie sich mit dem Laub zur Erde fallen, um in der Bodenstreu zu überwintern. Im Frühjahr kann man sie schon bei beginnendem Laubaustrieb wieder auf der Fraßpflanze entdecken. Verpuppung in einem Gespinst.
Futterpflanzen: Traubenkirsche und andere Gehölze, in Gärten Stachelbeere und Johannisbeere.

Gefährdung
Potentiell gefährdet

22–25 mm

Haarrückenspanner
Colótis pennária
Familie Spanner

Aussehen: Vorderflügel rötlichgelb bis rötlichbraun, schwärzlich gefleckt und gesprenkelt, mit zwei dunklen, hell abgesetzten Querlinien, die das Mittelfeld begrenzen; unter der Spitze ein schwarzer, meist weiß gekernter Fleck. Hinterflügel heller. Der Brustrücken trägt einen aus langen Haarschuppen bestehenden Schopf (Name). Die Fühler des Männchens (Foto) sind lang gefiedert.
Vorkommen: Verbreitet in Laub- und Mischwäldern, Hecken, Hainen und Ufergehölzen, Parks und Gärten. In den Alpen bis 1500 m.
Flugzeit: Von Mitte September bis Dezember in einer Generation.
Lebensweise: Der Flug der ausschließlich nachtaktiven Falter beginnt bereits in der Dämmerung. Tagsüber ruhen sie an Stämmen oder in Gebüschen.
Entwicklung: Das Ei überwintert. Die Raupe (Foto S. 125) sieht zweigähnlich aus und ist grau oder graubraun mit zwei rötlichen Spitzen am Rücken des 11. Segments. Zur Verpuppung dringt sie in die Erde ein, wo sie ein leichtes Gespinst fertigt.
Futterpflanzen: Eiche, Hainbuche, Weide, Kirsche, Birke, Schlehe und andere Laubholzarten.

Gefährdung
Nicht gefährdet

21–29 mm

Grünes Blatt

Geométra papilionária

Familie Spanner

Aussehen: Flügel bläulichgrün mit zwei gezähnten, weißlichen Querlinien und ebenso gefärbter Fleckenreihe vor dem Saum. Die weiße Zeichnung ist oft nur schwach ausgeprägt, und die grüne Grundfarbe neigt zum Verblassen. Der größte unter den grünen Spannern, deshalb kaum zu verwechseln.
Vorkommen: Verbreitet, aber selten häufig, in Laub- und Mischwäldern, Moorgebieten, Feldgehölzen, Parks und gehölzreichen Gärten. Höhenverbreitung bis 1600 m.
Flugzeit: Von Mitte Mai bis September in einer Generation.
Lebensweise: Die Falter sind dämmerungs- und nachtaktiv. Untertags ruhen sie meist an Blättern, denen ihre Färbung hervorragend angepaßt ist.
Entwicklung: Die Raupe ist zuerst braun, später grün mit gelben Seitenlinien, einem roten Rückenstreifen und rötlichen Höckern. Sie sitzt meist an den Zweigspitzen der Futterpflanze. Nach der Überwinterung im Jugendstadium verpuppt sie sich im Mai zwischen Blättern in einem durchsichtigen Gespinst.
Futterpflanzen: Birke, Erle, Hasel, Linde, Buche, Salweide und andere Laubholzarten.

Gefährdung

Nicht gefährdet

12–15 mm

Netzspanner
Eustróma reticuláta
Familie Spanner

Aussehen: Vorderflügel schwarzbraun mit weißen, mehr oder weniger gebogenen Querlinien und teilweise rein weißen Adern, wodurch eine auffällige Netzzeichnung entsteht; Hinterflügel grau mit zwei hellen Querlinien.
Vorkommen: Lokal und meist selten in feuchten Wäldern, Schluchten und Tobeln. Höhenverbreitung in den Alpen bis 1100 m.
Flugzeit: Von Mai bis August in einer Generation.
Lebensweise: Die nachtaktiven Falter flattern manchmal am Tage aus der krautigen Vegetation, suchen aber meist sehr rasch wieder Deckung. Am Rande schattiger Waldwege kann man sie vereinzelt auf der Oberseite von Blättern ruhend antreffen, besonders in der Nähe von größeren Springkrautbeständen. An solchen Stellen besteht auch die Möglichkeit zum Aufscheuchen.
Entwicklung: Die Raupe ist grün mit roter Rückenlinie und weißen Nebenrückenlinien. Sie verwandelt sich im Oktober an der Erde in eine glänzende, ockerbraune Puppe, die überwintert.
Futterpflanzen: Echtes Springkraut (Balsamine).

Gefährdung
Nicht gefährdet

12–15 mm

Schwarzspanner

Odézia atráta

Familie Spanner

Aussehen: Flügel einfarbig schwarz, Fransen an den Vorderflügelspitzen mehr oder weniger weiß.

Vorkommen: Lokal oft häufig auf Moor- und Waldwiesen, an grasreichen Waldsäumen, in Ufergebieten und auf Bergwiesen. In warmen und trockenen Landschaften selten oder fehlend. Höhenverbreitung in den Alpen bis 2400 m.

Flugzeit: Von Ende Mai bis August in einer Generation.

Lebensweise: Die tagaktiven Falter sind, zumal sie oft zahlreich auftreten, in ihren Lebensräumen eine auffallende Erscheinung. Sie besuchen Blumen und fliegen auch noch in der Dämmerung. Zwischen den Flügen rasten sie bevorzugt an Gräsern, reglos, mit nach unten hängenden Flügeln. Fühlen sie sich jedoch bedroht, z. B. wenn man in ihre Nähe tritt, schlagen sie unaufhörlich mit den Flügeln, bis die Gefahr vorüber ist.

Entwicklung: Das Ei überwintert. Die schlanke Raupe ist grün mit dunklen Rückenlinien und Nebenrückenlinien. Sie verpuppt sich in einem leichten Gespinst am Boden.

Futterpflanzen: Kälberkropf- und Kerbelarten.

Gefährdung

Nicht gefährdet

22–25 mm

Großer Frostpanner
Eránnis defoliária
Familie Spanner

Aussehen: Grundfarbe des Männchens weißlichgelb, dunkel gesprenkelt, die Vorderflügel mit schwarzen, außen rotbraun angelegten Querlinien und schwarzem Mittelfleck. Sehr variabel; mehr oder weniger braun verdunkelte Falter sind häufig. Das Weibchen ist flügellos, der Körper hellgrau, schwarz gefleckt.
Vorkommen: In Laubwäldern, Feldgehölzen, Parks und Obstgärten. In den Alpen bis 1400 m.
Flugzeit: Von Ende September bis Dezember in einer Generation.
Lebensweise: Die Männchen fliegen bereits bei Einbruch der Dunkelheit, die flugunfähigen Weibchen erwarten sie an Baumstämmen sitzend zur Befruchtung. Beide Geschlechter kann man nach den ersten Frösten tagsüber an Stämmen von Laubbäumen ruhend finden. Die kaum zu übersehenden Männchen sitzen bis in Augenhöhe, die Weibchen oft höher.
Entwicklung: Das Ei überwintert. Die meist rostbraune mit weinroten Rückenflecken und breiten gelben Seitenstreifen gezeichnete Raupe (Foto S. 125) verpuppt sich in einem Gespinst in der Erde.
Futterpflanzen: Buche, Obstbäume und andere Laubbäume.

Gefährdung
Nicht gefährdet

18–22 mm

Kiefernspanner

Búpalus piniária

Familie Spanner

Aussehen: Das Männchen ist schwarzbraun mit mehr oder weniger großen, weißlich bis gelben Flecken auf den Vorder- und Hinterflügeln. Das Weibchen ist gelblich bis rostbraun mit breitem, dunkelbraunem Saum und ebenso gefärbten Querbändern und Flecken. Hinterflügelunterseite bei beiden Geschlechtern mit weißlichem Längsstrahl. Sehr variable Art.

Vorkommen: Zuweilen häufig in Kiefernwäldern, Nadelmischwäldern, Heiden und Kiefernhochmooren. In den Alpen bis 1600 m.

Flugzeit: Von April bis Anfang August in einer Generation.

Lebensweise: Tag- und nachtaktive Art. Bei Sonnenschein fliegen die Falter um Wipfel von Bäumen und Sträuchern. In der Ruhe halten sie die Flügel nach Art der Tagfalter aufgerichtet.

Entwicklung: Das Weibchen legt die Eier an den Nadeln der Futterpflanze ab. Die grünen mit weißlichen und gelben Linien gezeichneten Raupen verursachen gelegentlich Kahlfraß. Im Spätherbst spinnen sie sich an einem Faden zur Erde herab, um sich im oder am Boden zu verpuppen.

Futterpflanzen: Kiefer, seltener Fichte, Tanne und Wacholder.

Gefährdung

Nicht gefährdet

12–17 mm

Heidekrautspanner

Ematúrga atomária

Familie Spanner

Aussehen: Flügel beim Männchen ockergelb, beim Weibchen gelblichweiß, mehr oder weniger dicht braun gesprenkelt, mit braunen Querbändern. Variable Art, die in sehr hellen und dunklen Faltern auftreten kann. Zumindest die am häufigsten vorkommende Nominatform (Foto) ist kaum mit anderen Arten zu verwechseln.

Vorkommen: Verbreitet auf Heiden und Waldlichtungen, mäßig feuchten Moorwiesen und verheideten Hochmooren. Höhenverbreitung in den Alpen bis über 2000 m.

Flugzeit: Von Mitte April bis Mitte Juni und von Ende Juni bis Anfang September in zwei Generationen; in Hochlagen nur eine Generation.

Lebensweise: Die Spanner sind bei Sonnenschein oft in Anzahl zu beobachten. Das Männchen ist aktiver. An kühleren Tagen lassen sich die Falter leicht aus dem niederen Bewuchs aufscheuchen. Gelegentlich nachts an Lichtquellen.

Entwicklung: Die braungraue mit dunkler Rückenlinie und hellen Seitenstreifen gezeichnete Raupe verpuppt sich im Boden. Die Puppe überwintert.

Futterpflanzen: Heidekraut, Beifuß, Wicke und andere Pflanzen.

Gefährdung

Nicht gefährdet

18–27 mm

Schlehenspanner

Angeróna prunária

Familie Spanner

Aussehen: In Färbung und Zeichnung sehr variabel. Flügel beim Männchen (Foto) in der häufigsten Form orange, beim Weibchen bleichgelb, mit feiner grauer Querstrichelung, die auch fehlen kann. Daneben treten Falter mit olivbraun verdunkeltem Saum- und Wurzelfeld oder einfarbig dunkelbraunen Flügeln auf.

Vorkommen: Verbreitet in lichten Wäldern, in Hecken- und Moorgebieten sowie in Parks bis 1300 m.

Flugzeit: Von Ende Mai bis August in einer Generation; in den Südalpentälern zwei Generationen zwischen Mai und September.

Lebensweise: Vorwiegend nachts aktive Art, die aber auch am Tage fliegt. Man kann sie vor allem auf Waldschlägen beobachten, besonders in den Nachmittagsstunden. Die Falter lassen sich auch aufscheuchen; sie ruhen mit Vorliebe an der Unterseite von Blättern.

Entwicklung: Die graubraune, hell marmorierte, höckertragende Raupe überwintert halbwüchsig. Die Verwandlung erfolgt zwischen Blättern in einem leichten Gespinst.

Futterpflanzen: Schlehe, Weide, Hasel, Espe, Besenginster, Himbeere und andere Laubgehölze.

Gefährdung

Nicht gefährdet

8–9 mm

Goldzünsler
Pyráusta auráta
Familie Zünsler

Aussehen: Vorderflügel schwarzbraun, purpurrot bestäubt, mit goldgelben Flecken unterschiedlicher Größe; Hinterflügel bräunlich schwarz mit breiter goldgelber Binde. Von einigen ähnlichen Arten (besonders *P. purpuralis*) nicht leicht zu unterscheiden.
Vorkommen: Auf Wiesen, Waldlichtungen und Ödland.
Flugzeit: Von Ende April bis Juni und von Juli bis September in zwei Generationen.
Lebensweise: Die kleinen Falter sind tag- und nachtaktiv. Bei Sonnenschein besuchen sie gerne Blumen, an kühlen Tagen sitzen sie meist an Grashalmen oder auf Blättern der niederen Vegetation.
Entwicklung: Eiablage in Gruppen an der Futterpflanze. Die Raupen sind dunkelgrün mit gelblicher Rückenlinie und schwarzem Kopf. Sie leben gesellig in Gespinströhren an den Blättern der Fraßpflanze, in denen sich die erste Generation auch verpuppt. Die Raupen der Herbstgeneration überwintern und verwandeln sich im Frühjahr am Boden.
Futterpflanzen: Dost, Minze, Salbei, Thymian, Taubnessel, Bohnenkraut.

Gefährdung
Nicht gefährdet

10–11 mm

Ginsterzünsler
Titánio pollinális
Familie Zünsler

Aussehen: Grundfarbe schwarz, kupferig glänzend, die Vorder- und Hinterflügel mit je zwei großen gelbweißen Flecken; an der Basis der Vorderflügel ein bis zwei weißliche Striche, die auch fehlen können.

Vorkommen: Sehr lokal an sonnigen Hängen, auf Ginsterheiden, Brachland und trockenen Waldwiesen. Südlich der Alpen häufiger.

Flugzeit: Im Mai und Juni und wieder im Juli und August in zwei Generationen.

Lebensweise: Am Tage fliegende Falter, die bei Sonnenschein an Blüten beobachtet werden können, zusammen mit anderen Vertretern der arten- und formenreichen Familie der Zünsler. Viele Zünslerarten sind allerdings nur in der Dämmerung oder nachts aktiv.

Entwicklung: Die hellgraue, mit fünf braungrauen Längsstreifen, schwarzen Punktwarzen und schwarzem Nackenschild gezeichnete Raupe lebt in einem röhrenförmigen Gespinst, das vom Pflanzenstengel bis in den Erdboden führt. Verpuppung im Raupengespinst. Die Puppe überwintert.

Futterpflanzen: Ginster, Besenginster, Geißklee und Hauhechel.

Gefährdung

Nicht gefährdet

15–17 mm

Brennesselzünsler
Eurrhýpara hortuláta
Familie Zünsler

Aussehen: Flügel weiß, dunkel gesäumt, mit dunkelgrauen Flecken und Querbändern. Kopf und Brust gelb, Hinterleib schwarz.
Vorkommen: Verbreitet in lichten Wäldern, auf Ödland und Brachen, an Heckensäumen, Waldrändern und Feldrainen, in Parks und Gärten.
Flugzeit: Von Juni bis August in einer Generation.
Lebensweise: Die tägliche Flugzeit der Falter beginnt in der Dämmerung. Sie fliegen häufig Lichtquellen an. Am Tage ruhen sie mit gebreiteten Flügeln meist an der Unterseite krautiger Pflanzen, von wo sie leicht aufgescheucht werden können. Gelegentlich gaukeln sie auch ohne erkennbare Störung langsam aus der Vegetation.
Entwicklung: Die gelbliche oder grüne, schwach behaarte Raupe lebt in einem nach unten eingerollten Blatt oder zwischen zusammengesponnenen Blättern der Futterpflanze. Sie überwintert in einem durchsichtigen Kokon in der Laubstreu oder in einem Pflanzenstengel. Verpuppung im Frühjahr.
Futterpflanzen: Brennessel, Ziest, Minze, Andorn, Stachel- und Johannisbeere und andere Gewächse.

Gefährdung
Nicht gefährdet

11–14 mm

Huflattich-Federmotte

Platyptília gonodáctyla

Familie Federmotten

Aussehen: Die Vorderflügel sind am Saum eingeschnitten, die Hinterflügel in drei federartige, gefranste Zipfel aufgespalten. Grundfarbe graubraun, weiß beschuppt, vor dem Saum ein weißer Querstreifen. Auf dem Vorderflügel ein brauner Dreiecksfleck.

Vorkommen: An Wegrändern feuchter Wälder, an Bach- und Flußufern und auf Ruderalstellen.

Flugzeit: Von Mai bis Oktober in zwei Generationen.

Lebensweise: Die Falter halten sich untertags in der niederen Vegetation auf, aus der sie bei Störungen auffliegen, um sich in kurzer Entfernung wieder niederzulassen. Die eigentliche Flugaktivität beginnt in der Dämmerung.

Entwicklung: Das Weibchen legt die Eier einzeln an der Blattunterseite der Futterpflanze ab. Die grünweiße, mit rötlicher Rückenlinie gezeichnete Raupe beider Generationen miniert zuerst in den Blättern. Die Herbstraupe bohrt sich zur Überwinterung in den Stengel der Fraßpflanze. Die Verpuppung erfolgt im Frühjahr in der Blüte, im Sommer an der Blattunterseite oder am Stengel.

Futterpflanzen: Huflattich und Pestwurz.

Gefährdung

Nicht gefährdet

5–6 mm

Kleiner Wollsackträger

Epichnópterix plumélla (= púlla)

Familie Sackträger

Aussehen: Flügel des Männchens (Foto) gerundet, schwarzbraun, mit haarförmigen Fransen. Die Fühler tragen lange Kammzähne. Das flügellose Weibchen ist madenförmig, rotgelb, mit weißlicher Afterwolle. Zur genauen Bestimmung der Sackträgerarten bedarf es eines Spezialisten.

Vorkommen: Auf trockenen und feuchten Wiesen und Waldlichtungen bis 2000 m.

Flugzeit: Von April bis Juli in einer Generation.

Lebensweise: Die sehr kurzlebigen Männchen fliegen im Sonnenschein, die übrige Zeit ruhen sie bevorzugt an Gräsern. Die Weibchen bleiben im Raupensack verborgen, der auch zur Begattung und anschließenden Eiablage nicht verlassen wird.

Entwicklung: Die rot gefärbte Raupe, die überwintert, lebt in einem aus Halmstückchen angefertigten Sack, der bei der Fortbewegung mitgezogen wird. (Die Form des Sackes und das zum Bau verwendete Material sind für die einzelnen Sackträgerarten charakteristisch.) Die Verpuppung erfolgt im zuvor an einem Grasstengel angesponnenen Sack (Foto).

Futterpflanzen: Grasarten.

Gefährdung

Nicht gefährdet

8–9 mm

Langhornmotte
Nemóphora degeerélla
Familie Langhornmotten

Aussehen: Vorderflügel goldgelb mit dunkel eingefaßter gelber Querbinde und braunen Längsstreifen, die saumwärts die Grundfärbung strahlenförmig erscheinen lassen. Fühler des Männchens (Foto) bis zu 3,5 cm lang, die des Weibchens sind erheblich kürzer.
Vorkommen: In feuchten Laubwäldern und Ufergehölzen von Bächen und Flüssen.
Flugzeit: Von Mai bis Anfang Juli in einer Generation.
Lebensweise: Vor allem die Männchen erheben sich bei Sonnenschein zu eigenartigen, auf und ab tänzelnden Flügen, die für die meisten Arten aus der Familie der Langhornmotten charakteristisch sind. Die Falter besuchen Blumen. Zwischen den Flugaktivitäten ruhen sie gern auf Blättern der krautigen Vegetation.
Entwicklung: Die weibliche Raupe miniert jung in den Blättern der Fraßpflanze, später lebt sie in der Laubstreu in einem aus welken Blattstückchen zusammengesetzten Sack, in dem sie sich nach der Überwinterung verpuppt.
Futterpflanzen: Buschwindröschen, Ampfer und pflanzliche Abfälle.

Gefährdung
Nicht gefährdet

7–8 mm

Orangegelber Blattwickler
Olethreútes arcuélla
Familie Wickler

Aussehen: Grundfarbe der Vorderflügel orangegelb. Das weißlich aufgehellte Mittelfeld ist mit schwarzen Flecken, Strichen und Punkten gezeichnet. Bleifarbene, metallisch glänzende Querlinien und Striche sind ein weiteres Kennzeichen. Hinterflügel dunkelbraun mit hellen Fransen.
Vorkommen: Auf Waldlichtungen, Schlägen, Schneisen und an anderen von Laubgehölzen umgebenen Orten.
Flugzeit: Von Mai bis August in einer Generation.
Lebensweise: Die kleinen Falter fliegen am Tage um Gebüsch und über von Brombeere, Himbeere, Farnen und anderen Pflanzen überwucherten Stellen. Sie ruhen mit Vorliebe auf der Oberseite von Blättern, wobei ihre metallisch glänzenden Schuppen auffällig leuchten.
Entwicklung: Die Eier werden am Boden abgelegt. Die Raupe ist dunkelbraun mit schwarzem Nakkenschild. Sie überwintert an der Erde unter abgefallenem Laub und verpuppt sich im Frühjahr in einem Gespinst in der Bodenstreu.
Futterpflanzen: Welke Blätter niederer Pflanzen und abgefallenes Laub.

Gefährdung
Nicht gefährdet

9–12 mm

Grüner Eichenwickler

Tórtrix viridána

Familie Wickler

Aussehen: Vorderflügel hellgrün, der Vorderrand gelblichweiß; Hinterflügel grau. Die sehr ähnliche Weidenkahneule (*Earias clorana*) besitzt weiße Hinterflügel.

Vorkommen: Verbreitet und stellenweise häufig, besonders in Eichenwäldern sowie Laubwäldern mit Eichenbeständen.

Flugzeit: Von Juni bis August in einer Generation.

Lebensweise: Die kleinen Falter schwärmen in der Abenddämmerung und nachts, fliegen aber auch am Tage häufig von ihren Ruheplätzen im Laubwerk von Gehölzen auf. Sie lassen sich leicht aufscheuchen, suchen jedoch rasch wieder Deckung, und zwar meist auf der Unterseite der Blätter.

Entwicklung: Die befruchteten Weibchen legen ihre Eier paarweise auf Zweige und Blattnarben und verdecken sie mit verschiedenen Pflanzenteilchen. Die im Frühjahr aus dem überwinternden Ei schlüpfende, grün gefärbte Raupe lebt zuerst in einer Blattknospe, später in einem zusammengerollten Blatt. Sie verpuppt sich zwischen zusammengesponnenen Blattresten.

Futterpflanzen: Eiche, seltener Rotbuche, Weide, Ahorn, Pappel und niedere Pflanzen.

Gefährdung

Nicht gefährdet

30–36 mm

Nagelfleck

Áglia táu

Familie Augenspinner

Aussehen: Grundfarbe beim Männchen (Foto) gelbbraun, beim größeren Weibchen fahlgelb. Vorder- und Hinterflügel mit je einem blauen, schwarz eingefaßten Augenfleck mit in der Mitte nagelförmiger Zeichnung.
Vorkommen: In Laubwäldern, vornehmlich in alten Buchenbeständen, bis 1600 m.
Flugzeit: Von Mitte April bis Juli in einer Generation.
Lebensweise: Die Männchen huschen an warmen Tagen in unruhigem Suchflug zwischen den Buchenstämmen dahin, um paarungsbereite Weibchen aufzuspüren, die zur Anlockung Sexualduftstoffe verströmen. In Bodennähe wartende Weibchen lassen sich am ehesten entdecken, wenn man den Flug der Männchen verfolgt, die ein gefundenes Weibchen zuerst aufgeregt umflattern. Anschließend kommt es zur Kopulation.
Entwicklung: Die grüne Raupe trägt jung geweihartige Rückendornen, die ihr ein bizarres Aussehen verleihen. Sie lebt zuerst gesellig, später einzeln. Die Verpuppung erfolgt in einem Kokon am Boden. Die Puppe überwintert.
Futterpflanzen: Besonders Buche, aber auch Eiche, Linde und Birke.

Gefährdung

Noch nicht gefährdet; geschützt

15–16 mm

Rothals

Atólmis rubrícollis

Familie Bärenspinner

Aussehen: Färbung rußig schwarz, der Halskragen zinnoberrot (Name), das letzte Drittel des Hinterleibes orangegelb.
Vorkommen: In Nadel- und Laubwäldern. Höhenverbreitung in den Alpen bis 1900 m.
Flugzeit: Von Anfang Mai bis August in einer Generation.
Lebensweise: Die kleinen Falter sind nachts aktiv, lassen sich aber leicht aus der Vegetation aufscheuchen. Tagsüber ruhen sie meist im Bodenbewuchs oder an Baumwurzeln, häufig auch an den unteren Zweigen der Fichten, wo sie allerdings durch ihre düstere Färbung sehr unauffällig wirken. Öfters kann man dagegen die gelblich oder grau gefärbten Vertreter dieser unscheinbaren, schmalflügeligen Artengruppe finden.
Entwicklung: Die spindelförmige, grünlichgraue, schwarz und gelblich behaarte Raupe lebt an flechtenbewachsenen Stämmen. Sie verpuppt sich in einem dünnen, braungrauen, mit Haaren vermengten Gespinst unter Moos oder in der Bodenspreu am Fuß der Bäume. Die Puppe überwintert.
Futterpflanzen: Flechten an Fichten und Laubhölzern.

Gefährdung

Nicht gefährdet

12–20 mm

Gemeines Widderchen

Zygáena filipéndulae

Familie Widderchen

Aussehen: Vorderflügel schwarzblau, grünlich schimmernd, mit sechs karminroten Flecken, die nicht selten verbunden sind. Hinterflügel karminrot mit meist schmalem, schwarzem Saum. In mehreren Formen auftretend.

Vorkommen: Verbreitet auf Trokkenrasen, Moorwiesen, Brachland und Bergwiesen, lokal auch auf Waldlichtungen und an Waldrändern. In den Alpen bis über 2000 m.

Flugzeit: In den Südalpen ab Ende Mai, sonst von Mitte Juni bis September in einer Generation.

Lebensweise: Am Tage aktive Art, die mit Vorliebe an Disteln, Skabiosen, Flockenblumen und Dost saugt. Abends bilden die Falter häufig an Blüten und Stengeln Schlafgemeinschaften.

Entwicklung: Die Raupe ist gelb mit zwei Reihen großer, schwarzer Flecken auf dem Rücken und einer Reihe kleinerer Flecken an den Seiten. Sie überwintert. Die Verpuppung erfolgt in einem sehr langen, kahnförmigen, weiß und gelben Kokon, der an Pflanzenteilen befestigt wird.

Futterpflanzen: Hornklee, Bergkronwicke und andere Schmetterlingsblütler.

Gefährdung

Noch nicht gefährdet; geschützt

12–15 mm

Hochalpen-Widderchen
Zygáena éxulans
Familie Widderchen

Aussehen: Vorderflügel beim Männchen blaugrau, beim Weibchen (Foto) lichter gelbgrau, mit fünf isolierten, karminroten Flekken, von denen der am Vorderrand anliegende lang ausgezogen ist; Hinterflügel karminrot mit schwarzem Saum. Halskragen weiß, Hinterleib zottig behaart.
Vorkommen: Auf hochalpinen Weiden, Gras- und Zwergstrauchheiden, zwischen 1800 und 3000 m.
Flugzeit: Im Juli und August in einer Generation.
Lebensweise: Die Falter schwirren bei Sonnenschein nahe dem Boden zur Nahrungs- und Partnersuche aus. Beliebte Nektarquellen sind: Alpenaster, Thymian, Hufeisenklee und Goldfingerkraut.
Entwicklung: Die samtschwarzen, ann den Seiten gelb gefleckten Raupen findet man oft in Anzahl auf den Fraßpflanzen oder an Steinen ruhend, auch noch zur Flugzeit der Falter. Sie überwintern in Gesellschaften (meist zweimal). Die Verpuppung erfolgt in einem spindelförmigen Kokon an Steinen oder Felsblöcken (Foto).
Futterpflanzen: Alpenwundklee, Tragant, Spitzkiel, Silberwurz, Gemsheide und andere Pflanzen.

Gefährdung
Stark gefährdet; geschützt

7–10 mm

Schlupfwespen-Glasflügler

Dipsophécia ichneumonifórmis

Familie Glasflügler

Aussehen: Flügel schmal, glasig-durchsichtig, schwärzlichbraun gerandet. Auf den Vorderflügeln ist der Innenrand sowie die Mittel- und Saumbinde safranrot. Hinterleib schwarz mit gelben Ringen und gelb gemischtem Afterbusch. Schwer zu bestimmen (wie die meisten Glasflüglerarten).
Vorkommen: Lokal an warmen Hängen und auf trockenem Ödland. In den Alpen bis 2000 m.
Flugzeit: Von Ende Mai bis August in einer Generation.
Lebensweise: Die kleinen, tagaktiven Falter ruhen mit Vorliebe an dürren Halmen. Zur Nahrungsaufnahme fliegen sie Blüten an, werden aber meist als kleine Wespen angesehen. Durch die täuschende Ähnlichkeit mit wehrhaften Insekten genießen die Glasflügler einen gewissen Schutz vor Feinden.
Entwicklung: Die beinfarbene Raupe lebt – überwinternd – bis Mai in der Wurzel der Fraßpflanze. Zur Verpuppung fertigt sie an der Hauptwurzel eine mit einem Deckel versehene Gespinströhre an.
Futterpflanzen: Wundklee, Hornklee, Sichelklee, Hauhechel und andere Schmetterlingsblütler.

Gefährdung

Gefährdet

8–10 mm

Fensterschwärmerchen
Thýris fenestrélla
Familie Fensterschwärmer

Aussehen: Flügel dunkelbraun, goldgelb gesprenkelt, mit unbeschuppten, glasartig durchsichtigen Stellen (Name), die weißen Flecken gleichen. Die einzige ähnliche Art in Mitteleuropa (*Th. nigra*) ist schwärzlich und kommt nur südlich der Alpen vor.
Vorkommen: Lokal auf Waldlichtungen, an Waldrändern, gehölzreichen Bach- und Flußufern, trokkenen Hängen und an anderen Orten mit von Waldrebe überwuchertem Gebüsch, bis 1500 m.
Flugzeit: Von Mitte Mai bis August in einer Generation.
Lebensweise: Die zierlichen Falter besuchen im Sonnenschein Blüten, besonders von Doldengewächsen, Holunder, Liguster und Brombeere. Zwischen den Nahrungsflügen ruhen sie mit nach oben gestellten Flügeln gerne auf der Oberseite von Blättern.
Entwicklung: Die bräunliche oder grünliche Raupe trägt schwärzliche Punktwarzen. Sie lebt in tütenförmig eingerollten Blattspitzen der Fraßpflanze und verpuppt sich in einem Gespinst an der Erde oder an Zweigen. Die Puppe überwintert.
Futterpflanzen: Gemeine Waldrebe.

Gefährdung
Gefährdet

34–41 mm

Weidenbohrer
Cóssus cóssus
Familie Holzbohrer

Aussehen: Vorderflügel braun, weißgrau gemischt, mit unregelmäßigen, schwarzen Querstreifen und zahlreichen schwarzen Querstrichen. Hinterflügel dunkelgrau, schwärzlich gestrichelt.
Vorkommen: In Wäldern, Moor- und Ufergebieten, Heckenlandschaften, Alleen und Parks. Im Gebirge bis 1500 m.
Flugzeit: Von Ende Mai bis August in einer Generation.
Lebensweise: Nachtaktive Art. Tagsüber ruhen die Falter gern in Bodennähe an Baumstämmen. Man kann sie vor allem in alten Kopfweidenbeständen finden.
Entwicklung: Die Eier werden in Gruppen in Rindenritzen von Stämmen, dicht über dem Erdboden, gelegt. Die erwachsene Raupe ist oben dunkelpurpurrot und seitlich gelbrot. Sie lebt im Inneren von Stämmen, wo sie lange Gänge ausnagt. Das Genagsel wird durch eine untere Öffnung ins Freie ausgestoßen. Sie überwintert mindestens zweimal, das letztemal oft außerhalb des Fraßbaumes. Die Verpuppung erfolgt entweder im Fraßgang oder nahe am Stamm in der Erde in einem Gespinst.
Futterpflanzen: Weide, Espe, Pappel und andere Laubbäume.

Gefährdung
Nicht gefährdet

20–35 mm

Hopfen-Wurzelbohrer, Geistermotte

Hepíalus húmuli

Familie Wurzelbohrer

Aussehen: Die Geschlechter sind sehr verschieden gefärbt: Das Männchen ist zeichnungslos silberweiß, das größere Weibchen ockergelb mit auf den Vorderflügeln ziegelroter, streifenförmiger Zeichnung. Fühler sehr kurz.
Vorkommen: Verbreitet und lokal häufig auf Grasland und Waldlichtungen, in Parks und Hopfengärten. In den Alpen bis 2000 m.
Flugzeit: Von Ende Mai bis Mitte August in einer Generation.
Lebensweise: Die Männchen fliegen in der Abenddämmerung nur einige Minuten pendelnd fast auf der Stelle, um Weibchen zur Paarung zu stimulieren. Wo sie zu Hunderten erscheinen, bieten sie ein geisterhaftes Bild (Name). Wenig später werden die Weibchen flugaktiv, um ihre Bereitschaft zur Paarung zu signalisieren. Untertags sind Falter öfters an Grashalmen ruhend zu entdecken.
Entwicklung: Das Weibchen streut die Eier an geeigneten Stellen im Flug aus. Die gelbliche Raupe lebt in der Wurzel der Fraßpflanze. Sie überwintert meist zweimal und verpuppt sich in der Erde in einem röhrenförmigen Gespinst.
Futterpflanzen: Hopfen, Ampfer, Löwenzahn und andere Pflanzen.

Gefährdung

Nicht gefährdet

18–20 mm

Roseneule
Thyatíra bátis
Familie Wollrückenspinner

Aussehen: Vorderflügel braun mit vier rundlichen, weißen, rosenrot oder braun ausgefüllten Flecken; am hinteren Rand liegt ein halbmondförmiger Fleck, der sich bei geschlossenen Flügeln zu einem runden ergänzt. Hinterflügel außen dunkelgrau, innen heller.
Vorkommen: Verbreitet in Laub- und Mischwäldern, aber auch in offenem Gelände mit reichen Beständen der Futterpflanzen. Im Gebirge bis 1500 m.
Flugzeit: Von Anfang Mai bis Juli und von August bis September in zwei Generationen.
Lebensweise: Die nachtaktiven Falter fliegen bereits ab der Dämmerung zur Nahrungssuche aus. Untertags leben sie sehr versteckt in der Vegetation.
Entwicklung: Das Weibchen legt die Eier in Gruppen am Blattrand der Futterpflanze ab. Die erwachsen braune, rostfarben gescheckte Raupe lebt zwischen zusammengesponnenen Blättern, zwischen denen sie sich auch in einem Kokon verwandelt. Die Puppe überwintert.
Futterpflanzen: Brombeere und Himbeere.

Gefährdung
Nicht gefährdet

11–18 mm

Eichen-Sichelspinner

Drépana binária

Familie Sichelflügler

Aussehen: Grundfarbe ocker, grau bestäubt, Hinterflügel lichter, (besonders beim Weibchen). Vorderflügel mit sichelförmig vorgezogener Spitze (Name); zwischen den hellen Querlinien, von denen die äußere unterhalb des Vorderrandes rechtwinklig gebrochen ist, finden sich zwei dunkle Punkte. Von dem ähnlichen Buchen-Sichelspinner (*D. cultraria*) durch die doppelten Punkte zu unterscheiden.

Vorkommen: Verbreitet, aber selten häufig, in Laub- und Mischwäldern, Feldgehölzen, Moor- und Ufergebieten. In den Alpen bis etwa 1200 m.

Flugzeit: Von Ende April bis Mitte Juni und von Mitte Juli bis Oktober, in zwei Generationen.

Lebensweise: Die Männchen fliegen stundenweise am Tage, vor allem im Kronenbereich. Abgesehen davon ist die Art nachts aktiv.

Entwicklung: Die Raupe ist grünlich, an den Seiten violettgrau oder grünlichbraun, am Rücken mit gelbem, braun eingefaßtem Fleck und einem spitzen Fleischzapfen. Verpuppung in einem Gespinst zwischen Blättern. Die Puppe überwintert.

Futterpflanzen: Vorwiegend Eiche, auch Birke, Erle, Buche.

Gefährdung

Nicht gefährdet

18–27 mm

Nonne
Lymántria mónacha
Familie Trägspinner

Aussehen: Vorderflügel weiß mit schwarzen, gezackten Querbändern und punktförmigen Flecken; Hinterflügel grau. Sehr variable Art; mehr oder weniger verdunkelte oder völlig schwarze Falter sind nicht selten. Das Weibchen (Foto) ist größer.
Vorkommen: Weit verbreitet, besonders in Nadelwäldern, aber auch in Mischwäldern, bis 1600 m.
Flugzeit: Von Juli bis Anfang September in einer Generation.
Lebensweise: Nur nachts aktive Art, bei der die Weibchen sehr flugträge sind. Die Falter leben sehr verborgen.
Entwicklung: Das Weibchen legt die Eier häufchenweise an Baumstämmen ab, wo sie überwintern. Die graubraunen, behaarten Raupen bleiben nach dem Schlüpfen einige Tage in sogenannten „Spiegeln“ beisammen. Danach zerstreuen sie sich, um in die Kronen ihrer Nahrungsbäume zu steigen. Bei einem Massenauftreten verursachen die Raupen in Fichtenwäldern zuweilen Kahlfraß (Nonnenkalamität). Die Verpuppung erfolgt in Gespinstfäden am Stamm.
Futterpflanzen: Besonders Fichte, auch Kiefer, Lärche und verschiedene Laubholzarten.

Gefährdung
Nicht gefährdet

21–31 mm 

Streckfuß
Calliteára (= Dasychíra) pudibúnda
Familie Trägspinner

Aussehen: Grundfarbe weißgrau; Vorderflügel bräunlich bestäubt mit dunkleren Querlinien, die beim größeren Weibchen (Foto rechts) deutlicher hervortreten. Hinterflügel graubraun gefleckt.
Vorkommen: Sehr verbreitet in Wäldern, Heckenlandschaften, Moorgebieten, Parks und Gärten. Im Gebirge bis etwa 1600 m.
Flugzeit: Von Ende April bis Juli in einer Generation; gebietsweise eine zweite Generation im Herbst.
Lebensweise: Die nachts fliegenden Falter sind am Tage öfters im niederen Bewuchs oder an Baumstämmen sitzend zu entdecken. Charakteristisch sind die in der Ruhestellung nach vorn gestreckten Vorderbeine (Name).
Entwicklung: Das Weibchen legt die Eier an Baumstämmen ab. Die grüngelbe (seltener braune), gelb behaarte Raupe trägt auf dem Rükken vier ockergelbe Bürsten und am Körperende einen roten Haarpinsel. Verpuppungsreife Raupen sind manchmal am Boden laufend zu beobachten. Die Verpuppung erfolgt in einem mit Haaren vermischten Gespinst am Boden. Die Puppe überwintert.
Futterpflanzen: Besonders Buche, aber auch Eiche und Birke.

Gefährdung
Nicht gefährdet

15–18 mm

Erpelschwanz
Clóstera cúrtula
Familie Zahnspinner

Aussehen: Vorderflügel von bräunlichgrau bis braun variierend, mit drei weißlichen Querlinien, von denen die äußere deutlich einen großen, braunroten Fleck begrenzt, der vom Vorderrand bis über die Mitte des Saumes reicht; Hinterflügel hell graubraun. Ähnliche Arten sind meist dunkler.

Vorkommen: Verbreitet in Wäldern und Mooren, an Bach- und Flußufern, in Heckengebieten und Parks. In den Alpen bis 1800 m.

Flugzeit: Von April bis Juni und von Juli bis September in zwei Generationen; in höheren Lagen nur eine Generation im Sommer.

Lebensweise: Die nachtaktiven Falter erscheinen gerne an Lichtquellen, in deren Nähe sie sich meist sofort niederlassen, so daß sie auch tagsüber noch gefunden werden können. In der Ruhe wird die Hinterleibsspitze nach oben gestellt (Name), was für alle Vertreter dieser Gattung charakteristisch ist.

Entwicklung: Die graue, rötlich gefleckte Raupe lebt zwischen zusammengesponnenen Blättern. Sie verpuppt sich in einem grauen Gespinst zwischen Blättern. Die Puppe überwintert.

Futterpflanzen: Weide und Pappel.

Gefährdung
Nicht gefährdet

30–32 mm

Mondvogel
Phálera bucéphala
Familie Zahnspinner

Aussehen: Vorderflügel silbriggrau mit rostbraunen Querstreifen und einem großen, mondförmigen, gelben Fleck in der Spitze; Hinterflügel blaßgelb. Brustbehaarung über dem Kopf gelb und bräunlich.
Vorkommen: Verbreitet in Wäldern, buschreichem Offenland, Ufergehölzen, Parks und Gärten. In den Alpen bis über 1600 m.
Flugzeit: Von Mai bis Juli in einer Generation.
Lebensweise: Ausschließlich nachtaktive Art, die untertags manchmal in der niederen Vegetation gefunden wird. In Ruhe gleicht der Falter einem abgebrochenen Aststückchen; die Mondflecke und die Brustbehaarung täuschen die Bruchstellen vor. Verstärkt wird dieser Eindruck noch durch die seitlich eingerollten Flügel und die rindenartige Färbung.
Entwicklung: Die erwachsen schwarzbraunen, mit gelben Längsstreifen und Querbinden gezeichneten Raupen leben gesellig und bilden oft an Zweigen ganze Knäuel. Die Verpuppung erfolgt in einer Höhlung im Boden. Die Puppe überwintert.
Futterpflanzen: Laubholzarten, besonders Weide, Pappel, Eiche, Linde, Buche und Birke.

Gefährdung
Nicht gefährdet

25–35 mm

Großer Gabelschwanz
Cerúra vínula
Familie Zahnspinner

Aussehen: Grundfarbe weißgrau, Vorderflügel mit feinen, schwarzen Zickzacklinien, Strichen und Punkten; Hinterflügel beim Männchen weißlich, beim Weibchen grau. Der Weiße Gabelschwanz (*C. erminea*) ist insgesamt heller.
Vorkommen: In lichten Wäldern, an Waldrändern, in offenem Buschland und in Parks bis 2500 m.
Flugzeit: Von Ende April bis August in einer Generation.
Lebensweise: Nachtaktive Art, die gerne an Baumstämmen ruht.
Entwicklung: Die Eiablage erfolgt meist zu zweien auf der Blattoberseite der Futterpflanze, und zwar bevorzugt an niederen Büschen. Die hellgrüne und violettbraune Raupe trägt am Körperende eine Schwanzgabel (Name), aus der sich bei Gefahr drohend rote Fäden ringeln. Gleichzeitig wird aus einer Wehrdrüse am Kopf gegen den Feind ein ätzendes Sekret gespritzt, das Ameisensäure enthält. Zur Verpuppung fertigt die Raupe meist am Stamm der Nahrungspflanze aus abgenagten Holz- und Rindenspänchen ein flaches, sehr stabiles Gehäuse (im Foto aufgeschnitten). Die Puppe überwintert.
Futterpflanzen: Weide und Pappel, besonders Zitterpappel (Espe).

Gefährdung

Noch nicht gefährdet; geschützt

Welcher Nachtfalter ist das?

Vorwort

Nachtfalter sind wenig bekannte Geschöpfe, was nicht verwundert, führen doch die meisten Arten ein sehr verborgenes Leben. Erst wenn sich abends die Dämmerung über das Land senkt und die sonneliebenden Tagfalter längst ihre Schlafplätze aufgesucht haben, erwachen sie zum Leben. Im allgemeinen nimmt man die nächtlichen Flieger nur wahr, wenn sie im Scheinwerferlicht des Autos auftauchen, Straßen- und Hoflampen umflattern oder durch geöffnete Fenster in hell erleuchtete Zimmer schwirren.

Aber nicht alle Arten scheuen die Helligkeit des Tages. So mancher prächtig gefärbte oder reizvoll gezeichnete Schmetterling, der sich zum Blumenbesuch einstellt oder am Wegrand mit ausgebreiteten Flügeln im Pflanzenbewuchs ruht, zählt nicht zu den Tagfaltern, sondern zur großen Artengruppe der Nachtfalter. Manche von ihnen werden sogar ausschließlich bei Sonnenschein aktiv.

Die Nachtfalter sind gegenüber den Tagfaltern hinsichtlich Gestalt, Entwicklung und Lebensweise sehr verschieden. Bemerkenswert ist ihre Vielfalt in Körper- und Flügelform. Sie stellen sowohl die größten als auch die kleinsten Arten unter den Schmetterlingen. Nicht weniger mannigfaltig ist ihr Farbkleid: Auffällige Falter mit buntem, kontrastreich ineinanderverwobenem Zeichnungsmuster sind ebenso vertreten wie unscheinbare, mit eintönig grauer, brauner oder schwärzlicher Färbung.

Das Buch möchte dem Naturfreund einen Einblick in die interessante Welt der heimischen Nachtfalter geben, zum Beobachten und Bestimmen anregen und zugleich auf die Gefährdung vieler Arten aufmerksam machen sowie Möglichkeiten zur Hilfe aufzeigen. Von den weit über 3000 in Mitteleuropa vorkommenden Arten konnte natürlich nur eine beschränkte Anzahl behandelt werden, doch macht bereits die vorliegende Auswahl die Formen- und Farbenfülle und biologische Vielfalt dieser Faltergruppe offenkundig. So möge der Naturführer nützlich sein beim Kennenlernen von Nachtfaltern – im eigenen Garten in der heimischen Umgebung und rund um den Ferienort.

Langenargen 1992

Thomas Marktanner

Zu diesem Buch

Im vorliegenden Naturführer wird eine Auswahl meist weit verbreiteter Nachtfalter abgebildet und beschrieben, die in Deutschland und den Alpenländern vorkommen. Manche Arten fehlen gebietsweise, einige treten nur sehr lokal auf, so daß sie als selten anzusehen sind. Bei der Auswahl wurden, soweit es vertretbar war, tagaktive und weniger verborgen lebende Arten bevorzugt, um dem Benutzer des Buches möglichst häufig Gelegenheit zum Falterbestimmen zu geben. Die meisten Arten sind leicht zu erkennen, bei schwer unterscheidbaren – die Beschreibungen enthalten z. T. einen entsprechenden Hinweis – kann zumindest die Familienzugehörigkeit eindeutig festgestellt werden.
Alle Farbfotos sind von lebenden Tieren, zumeist in der freien Natur aufgenommen. Sie zeigen die Falter, wie sie an ihren Lebensstätten in Erscheinung treten: beim Blütenbesuch, in Ruhe, in Warnstellung oder abflugbereit. Auch die Fotos von den Entwicklungsstadien (Ei, Raupe, Puppe) entsprechen weitgehend den natürlichen Verhältnissen. Sie informieren anschaulich über das Werden eines Schmetterlings und deuten zugleich die Vielfalt der ersten Stände in Gestalt und Färbung an.
Die Umrißzeichnungen auf dem Vor- und Nachsatz zeigen – stark vereinfacht – die typische Gestalt und Zeichnung der behandelten Schmetterlingsfamilien, allerdings nicht maßstabsgetreu. Die Familiennamen sind farbig unterlegt, so daß mit Hilfe der Seitenangabe und einer entsprechend farbigen Griffleiste im Bestimmungsteil die einzelnen Vertreter sofort gefunden werden können.

Die Symbole über dem Farbfoto zeigen auf einen Blick, welche Landschaftselemente der betreffende Schmetterling bewohnt, wobei sehr verschiedene Lebensräume vereinfachend zusammengefaßt wurden.

Es bedeutet:

Offenland
Wiesen (einschließlich Trocken-, Halbtrocken- und Magerrasen), Heiden, Brachen, alpine Weiden und Grasmatten, Kulturland

Gehölzreiches Offenland
Heckengebiete, Feldgehölze, Zwergstrauchheiden, Alleen, Streuobstwiesen, Baumschulen, Parks, Gärten

Wald
Laub-, Nadel- und Mischwald bis an die Waldgrenze (einschließlich Waldwiesen, Lichtungen, Schläge und Waldränder)

Feuchtgebiete
Hoch- und Niedermoore (einschließlich Moorwälder und andere Gehölzzonen), Ufergebiete, Naßwiesen

Insbesondere Arten mit größerer ökologischer Anpassungsfähigkeit können zuweilen auch in anderen

als den angegebenen Lebensräumen angetroffen werden. Dasselbe gilt für wandernde Falter.

16–20 mm

Größenangaben
Die Größenangabe in mm bezeichnet die Länge eines Vorderflügels, gemessen von der Wurzel (am Körper) bis zur Spitze

Es können aber auch Falter auftreten, die die angegebenen Maße über- oder unterschreiten. Stark differierende Zahlen weisen auf beträchtliche Größenunterschiede zwischen den Geschlechtern hin.

▽

Gefährdung und Schutz
In Deutschland in der Roten Liste aufgeführte, gefährdete oder (und) geschützte Art. Für die Schweiz existiert noch keine Rote Liste der gefährdeten Arten, in Österreich gibt es sie nur in einzelnen Bundesländern. Dort erkundigt man sich am besten bei den örtlichen Naturschutzbehörden.

Die Texte im Bestimmungsteil enthalten alles Wissenswerte zum Bestimmen und Kennenlernen der beschriebenen Schmetterlingsarten in übersichtlicher und leicht verständlicher Form:
Das Stichwort Aussehen ergänzt das Farbfoto mit Angaben über Färbung und Zeichnung sowie mit Hinweisen auf Geschlechtsunterschiede und ähnliche Arten.
Unter Vorkommen werden die Lebensraumtypen der Art beschrieben und finden sich Angaben über die Verbreitung und Häufigkeit.
Die Flugzeit gibt die Monate an, in denen die Falter fliegen, und die Zahl der jährlichen Generationen. Das jahreszeitliche Erscheinen ist von den klimatischen Verhältnissen und witterungsbedingten Einflüssen abhängig und kann deshalb sehr variieren. In der Regel setzt die Flugzeit südlich der Alpen früher, im Gebirge dagegen später ein als in den Niederungen des deutschen Faunengebiets.
Unter Lebensweise wird über die täglichen Flugzeiten, die bevorzugten Ruheplätze und andere Verhaltensweisen der Falter informiert.
Der Abschnitt Entwicklung enthält eine kurze Beschreibung der Raupe, außerdem allgemein Wissenswertes über die Entwicklungsstadien (z. B. Eiablage, Verpuppungsort, Überwinterung).
Die Futterpflanzen, von denen z. T. nur die wichtigsten aufgezählt werden, stellen die Nahrungsansprüche der Raupe dar.

Nachtfalter bestimmen – leicht gemacht

Manche Nachtfalterarten sind in der Natur leicht zu bestimmen, eine nicht geringe Zahl kann jedoch selbst dem Spezialisten Schwierigkeiten bereiten, weil sie nur kleine Unterschiede zu ähnlichen aufweisen. Das Kennenlernen ausschließlich nachtaktiver Schmetterlinge wird sehr erleichtert durch die Tatsache, daß sie bei vorsichtiger Annäherung in der Regel nicht von ihren Ruheplätzen flüchten. Zum Bestimmen der beweglichen Tagflieger sollte man die frühen Morgen- und Abendstunden sowie kühle, bewölkte Tage nützen, also Zeiten, in denen sie träge in der Vegetation verharren. Unbesorgt dagegen kann man tagaktive Falter auch bei warmen Temperaturen betrachten, wenn sie frisch geschlüpft sind. Haben wir einen ruhenden Schmetterling entdeckt, prägen wir uns die wichtigsten Merkmale ein:

- Wie groß ist er?
- Welche Körper- und Flügelform hat er?
- Wie ist er gefärbt?
- Wie sehen die Zeichnungsmuster auf den Flügeln aus?
- Wie sind die Fühler geformt? (falls sie sichtbar sind)

Wenn wir uns diese Merkmale möglichst gut eingeprägt haben, geht's ans Bestimmen.

So gehen wir vor:

- Auf den Umrißzeichnungen auf Vor- und Nachsatz dieses Buches suchen wir nun den passenden Körperumriß, achten auf die Zeichnungsmuster der Flügel und die Fühlerform.
- Wir suchen auf den unter der Umrißzeichnung angegebenen Seiten nach dem gefundenen Schmetterling, d. h. vergleichen Bilder und Texte mit unserem lebenden Exemplar.

Stimmen Größe, Färbung und Zeichnung? Haben wir den Schmetterling auch in dem angegebenen Lebensraum gefunden?
Weitere Hinweise zum Suchen und Beobachten von Nachtfaltern enthält das Kapitel „Wo finde ich Nachtfalter“. Da jeder Gang in die Natur gleichzeitig zur Begegnung mit Tagfaltern führen kann, ist auch die Mitnahme des Kosmos-Naturführers „Welcher Schmetterling ist das?“ stets zu empfehlen.
Die deutschen Namen wurden der älteren und neueren Literatur entnommen, die allerdings zum Teil unterschiedliche Bezeichnungen enthält, so daß zur Vermeidung von Mißverständnissen, z. B. bei der Weitergabe von Funddaten, stets der wissenschaftliche Name vermerkt werden sollte.
Bei den wissenschaftlichen Namen wurden die infolge von Veränderungen in der Systematik notwendig gewordenen Neuerungen generell berücksichtigt.

Kleine Nachtfalterkunde

Die Schmetterlinge (wissenschaftlich Lepidoptera = Schuppenflügler) bilden mit rund 150 000 beschriebenen Arten die drittgrößte Insektenordnung. In Mitteleuropa kommen weit über 3000 Arten vor, die sich ungefähr zur Hälfte in Großschmetterlinge (Macrolepidoptera) und Kleinschmetterlinge (Microlepidoptera) unterteilen. Die beiden Artengruppen stellen allerdings keine systematische Einheit dar, doch hat sich diese Einteilung aus Zweckmäßigkeit eingebürgert. Auch die von jeher übliche Unterteilung der Schmetterlinge in Tagfalter und Nachtfalter ist wissenschaftlich nicht haltbar. Zu den ersteren zählen in Mitteleuropa nur rund 230 Arten, alle übrigen werden der Gruppe der Nachtfalter zugeordnet, die auch sämtliche Kleinschmetterlinge einschließt. Die Bezeichnung „Nachtfalter" ist allerdings in bezug auf manche Arten irreführend, denn nicht alle sind ausschließlich nachts aktiv. So können also die Vertreter der beiden Artengruppen nicht grundsätzlich an ihren täglichen Flugzeiten auseinandergehalten werden. Am ehesten ist ein Nachtfalter am Bau der Fühler zu erkennen, die nie an der Spitze den für Tagfalter charakteristischen Kolben tragen. Ein weiteres Merkmal sind die in Ruhe meist dachförmig, eingerollt oder flach am Körper angelegten Flügel.

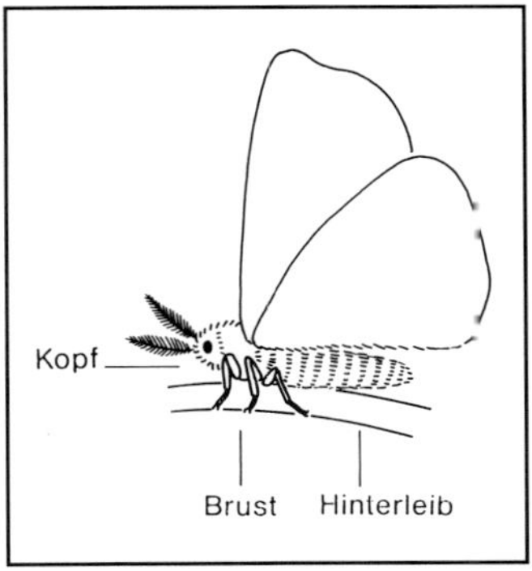

Körperbau eines Nachtfalters

Der Körperbau eines Schmetterlings

Ein Nachtfalter unterscheidet sich im Körperbau nicht wesentlich von einem Tagfalter. Wie bei allen Insekten ist der Körper dreiteilig, bestehend aus: Kopf, Brust und Hinterleib.

Am Kopf befinden sich seitlich die aus einigen tausend Facetten zusammengesetzten großen Komplexaugen, die zwar die Wahrnehmungsfähigkeit nur auf einige Meter beschränken, aber ein großes Gesichtsfeld gewährleisten. Zwi-

Schema eines Facettenauges
Co Hornhaut (Cornea)
Kk Kristallkegel
Pz Pigmentzellen
Sz Sehzellen

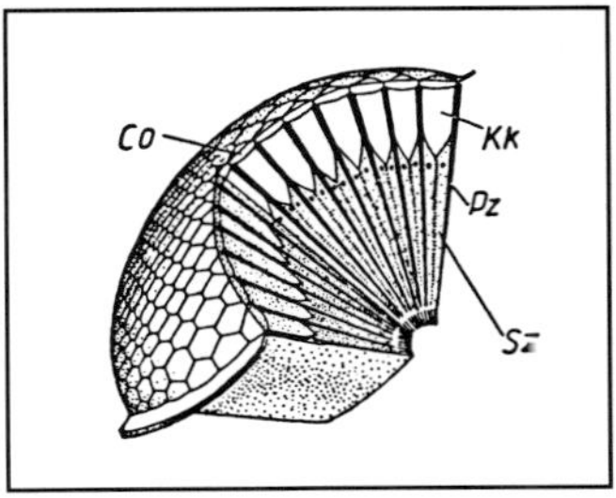

schen den Augen liegen die Fühler. Sie bestehen aus mehr oder weniger zahlreichen Gliedern und sind sehr verschieden gebaut, so daß sie Hinweise für die systematische Eingruppierung der Falter geben. An der Form der Fühlergeißel lassen sich häufig auch die Geschlechter unterscheiden. Die Fühler tragen wichtige Sinnesorgane, insbesondere für den Geruchsinn, der dem Zusammenfinden der Geschlechter dient und den Weibchen das Aufspüren einer für die Eiablage geeigneten Futterpflanze ermöglicht.

Abgesehen von den primitiveren „Urmotten" (Micropterygiden), die noch kauende Mundwerkzeuge besitzen, nehmen die Falter ihre Nahrung mit dem Rüssel auf, der wie eine Saugröhre funktioniert. Er ist von unterschiedlicher Länge und in der Ruhe spiralig aufgerollt. Bei vielen Nachtfalterarten ist der Rüssel rückgebildet, so daß sie keine Nahrung aufnehmen können; sie leben von Reservestoffen, die während des Raupenstadiums im Fettgewebe gespeichert wurden.

Die Brust besteht aus drei fest miteinander verbundenen Körperringen (Segmenten). Von diesen trägt jeder ein Paar Beine. Bei den Männchen mancher Arten finden sich an den Beinen pinsel- oder keulenförmige Duftorgane. Am 2. und 3. Segment sitzt je ein Paar Flügel, die als Vorder- und Hinterflügel bezeichnet werden. Die Weibchen einiger Spanner- und Spinnerarten haben mehr oder weniger stark reduzierte Flügel, so daß sie flugunfähig sind, den madenförmigen Weibchen der Sackträger fehlen sie gänzlich. Der ausgebildete Flügel setzt sich aus zwei Chitinmembranen zusammen, die durch röhrenartige Adern, in denen Blutgefäße und Nervenstränge verlaufen, versteift sind. Ober- und unterseits ist der Flügel mit feinen, dachziegelartig übereinandergreifenden Schuppen bedeckt. Sie bestehen aus umgebildeten, flachen Haaren, die mit einem Stielchen in

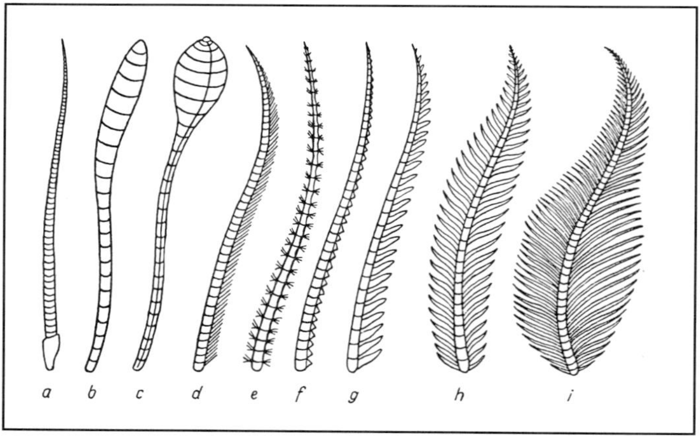

Verschiedene Fühlerformen
a borstenförmig, *b* kolbenförmig, *c* knopfförmig, *d* feinbewimpert, *e* mit Wimpernbüscheln, *f* pyramidenzähnig, *g* sägezähnig, *h* kammzähnig, *i* gefiedert

einer Vertiefung der Flügelmembran eingelassen sind. Die Färbung der Flügel beruht hauptsächlich auf den in den Schuppen enthaltenen Farbpigmenten. Die metallisch glänzenden und schillernden Färbungen entstehen dagegen auf rein optischem Wege.

Das Farbkleid eines Schmetterlings ist im allgemeinen seiner Lebensweise und Umgebung angepaßt und dient in erster Linie dem Schutz vor Feinden. Bei den Nachtfaltern spielt die sogenannte „Tarntracht“ eine wesentliche Rolle, denn je unauffälliger ein Falter an seinem Ruheplatz wirkt, desto größer ist seine Überlebenschance. Eine „Warntracht“ stellt dagegen die auffällige Färbung der rotgefleckten Widderchen und der bunten Bärenspinner dar. Sie signalisiert wahrscheinlich die Ungenießbarkeit der Falter wegen schlechten Geschmacks. Ebenfalls der Warnung dienen die farbigen Hinterflügel der Ordensbänder. Einen gewissen Schutz vor Feinden gewährt zweifellos auch die augenähnliche Zeichnung der Augenspinner und des Abendpfauenauges, die man als „Schreckfärbung“ bezeichnet. Schließlich muß noch die „Mimikry“ genannt werden, worunter man die Nachahmung eines giftigen oder wehrhaften Tieres versteht. Das findet man unter den heimischen Schmetterlingen vor allem bei den wespenähnlichen Glasflüglern.

Die Flugart der Nachtfalter ist von Familie zu Familie meist verschieden; sie reicht vom eigenartigen Schwebeflug der Langhornmotten bis zum rasanten Schwirrflug der Schwärmer. Letztere stellen unter den Schmetterlingen die schnellsten Flieger; sie erreichen Geschwindigkeiten von über 50 km pro Stunde.

Der Hinterleib setzt sich aus 10 Segmenten zusammen, von denen die letzten zu Fortpflanzungsorganen umgebildet sind. Viele Arten können nur anhand der geringfügigen Unterschiede im Bau der Geschlechtsorgane eindeutig bestimmt werden. Der Hinterleib enthält auch die Verdauungsorgane, außerdem die zum weiblichen Geschlechtsapparat gehörenden Duftdrüsen. Bei den Spannern und Zünslern sitzen an den Seiten des 1. Hinterleibssegments die „Ohren“ (Tympanalorgane), bei anderen Nachtfalterfamilien befinden sie sich am Bruststück. Damit sind die nächtlichen „Flieger“ offenbar in der Lage, die von ihren Feinden, den Fledermäusen, zur Orientierung ausgestoßenen Ultraschallwellen wahrzunehmen, worauf sie entsprechend reagieren können.

Flügelschuppen
a Dachziegelartige Anordnung der Schuppen auf den Flügeln
b einzelne Schuppe

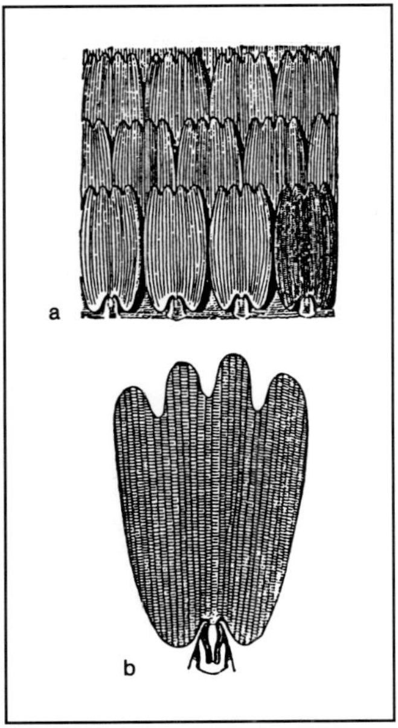

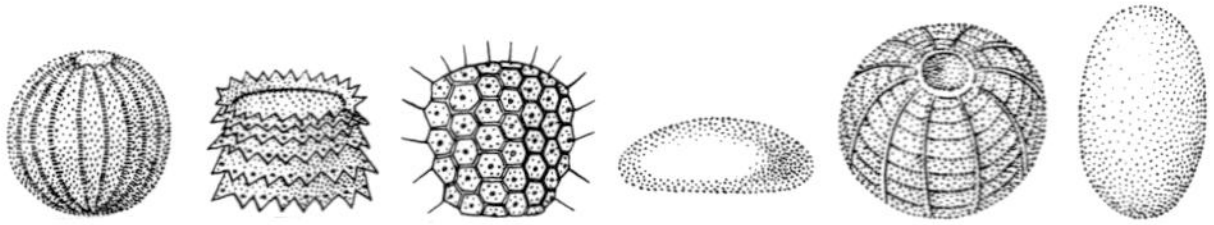

Verschiedene Eiformen

Partnersuche, Paarung und Eiablage

Die eigentliche Lebensaufgabe der Falter ist die der Arterhaltung dienende Fortpflanzung. Um für Nachkommenschaft sorgen zu können, müssen sich die Geschlechter naturgemäß erst zur Begattung (Kopulation) zusammenfinden. Bei der Partnersuche kommt dem Geruchsinn eine große Bedeutung zu. Mit seiner Hilfe können die Männchen mancher Arten die von den Weibchen ausgesandten Duftstoffe sogar aus kilometerweiten Entfernungen wahrnehmen. Die Sexualduftstoffe der Männchen hingegen sollen die Weibchen zur Begattung reizen.
Das Weibchen beginnt meistens bald nach der Paarung mit der Eiablage. Die Eier werden fast immer an der Futterpflanze der künftigen Raupen angeheftet: an Blättern, Stengeln, Zweigen oder Rinden; nur wenige Arten lassen sie über geeigneten Pflanzen im Flug fallen oder legen sie lose ab. Abgelegt wird gewöhnlich in Gruppen von zwei oder drei bis zu vielen hundert Eiern. Die Eizahl variiert von Art zu Art und kann über 2000 betragen.

Entwicklung eines Schmetterlings

Die Schmetterlinge durchlaufen in ihrer Entwicklung eine vollkommene Verwandlung (holometabole Metamorphose) mit vier Stadien: Aus dem Ei schlüpft die Raupe (Larve), die sich nach mehreren Häutungen in die scheinbar leblose Puppe verwandelt, deren feste Hülle nach einer Ruhezeit den in der Regel geflügelten Falter (Imago) entläßt.
Das Ei ist in Größe, Form, Färbung und Oberflächenstruktur von Art zu Art verschieden. Das Eistadium dauert in der Regel 1 – 3 Wochen, eine Ausnahme bilden die Eier von Arten, die zwar im Herbst abgelegt werden, aber überwintern.
Die junge Raupe (Larve) verläßt nach abgeschlossener Embryonalentwicklung das Ei, indem sie die Schale durchbeißt. Der Körper der Raupe besteht aus drei Brustsegmenten und elf Hinterleibssegmenten. Am stark chitinisierten Kopf finden sich die zum Kauen befähigenden Mundwerkzeuge. Der Körper trägt gewöhnlich drei Paar Brustbeine, vier Paar Bauchbeine und am Ende paarige Nachschieber. Bei manchen Eulenarten fehlen ein bis zwei, bei den Spannern drei Paar Bauchfüße.
Die Raupen sind in Gestalt und Färbung von bemerkenswerter Vielfalt. Manche sind durch Warzen, Höcker, Borsten oder Hörner gekennzeichnet, andere tragen einen mehr oder weniger dichten Haarpelz. Ihre Tracht dient ausschließlich dem Schutz vor Feinden. Fast alle Raupen ernähren sich vegetarisch, doch je nach Art meist nur von Pflanzen bestimmter Familien oder Gattungen. Nur verhältnismäßig wenige sind auf eine

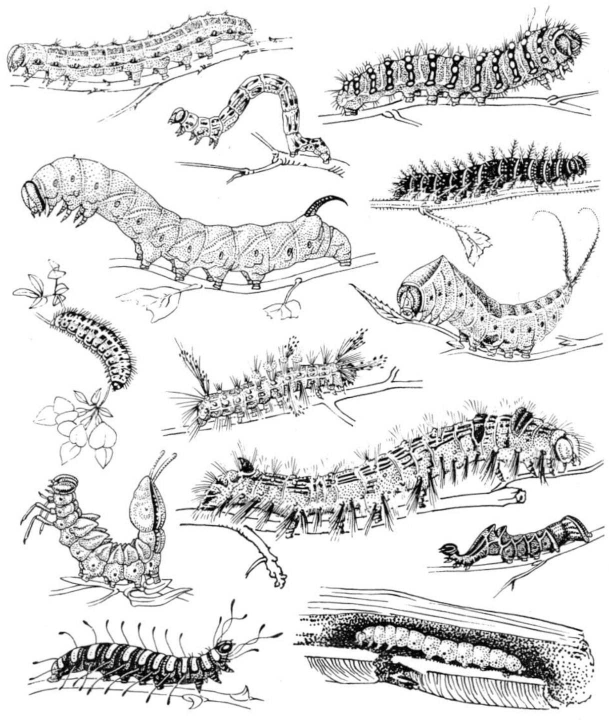

Verschiedene Raupenformen

einzige Pflanzenart spezialisiert. Bedingt durch das schnelle Wachstum der Raupe muß die inzwischen zu eng gewordene Oberhaut meist schon nach einigen Tagen erneuert werden. Das geschieht durch die Häutung, bei der die alte Haut platzt und mitsamt der Kopfkapsel abgestreift wird. Mit der Häutung, die in der Regel vier- bis fünfmal erfolgt, verändert sich häufig das Aussehen der Raupe. Ist die Raupe erwachsen, stellt sie das Fressen ein und sucht einen geeigneten Platz zur Verpuppung auf, die sich bei den einzelnen Gattungen und Arten an sehr unterschiedlichen Orten vollzieht: im Erdboden, in der Bodenstreu, an Gräsern, Stengeln, zwischen Blättern der Futterpflanze, an Rinde oder im Holz. Während die Mehrzahl der Arten sich entweder frei oder in einem mittels Spinndrüsen zuvor gefertigten leichten Gespinst verpuppen, geschieht dies bei manchen in einem mehr oder weniger stabilen Kokon.

Die Puppe ist meist walzenförmig und am Hinterende verjüngt. Die

sie bedeckende Chitinhülle läßt aber die wichtigsten äußeren Teile des Falters bereits reliefartig erkennen. Bei den Nachtfaltern ist die Puppe überwiegend von brauner oder schwärzlicher Färbung. Im Innern der Puppe vollzieht sich die von Hormonen gesteuerte Umwandlung zum Falter, wobei fast alle Gewebe der Raupe aufgelöst und für den Aufbau eines neuen Organismus verwendet werden. Die Dauer der Puppenruhe richtet sich nach dem Lebenszyklus der Art, sie ist naturgemäß bei den im Puppenstadium überwinternden Schmetterlingen am längsten.

Der entwickelte Falter sprengt die Puppenhülle, kriecht heraus und sucht einen geeigneten Platz auf, der die ungestörte Entfaltung der noch schlaffen, häutigen Säckchen gleichenden Flügel ermöglicht. Anschließend wird Blut und Luft in die Flügeladern gepumpt, was nach und nach zur vollen Dehnung der Flügel führt.

Verbreitung und Lebensweise

Die Nachtfalter sind in allen Landschaften vertreten, bis in die Hochlagen der Gebirge, an den Rand von Firn und Gletschereis. Aufgrund ihrer Bindung an bestimmte Futterpflanzen und Umweltbedingungen kommen allerdings viele Arten innerhalb ihres Verbreitungsareals nur in bestimmten Lebensräumen vor. Nicht wenige Arten stellen jedoch geringere Ansprüche an ihre Lebensstätten, so daß sie vielerorts, zum Teil auch im Kulturland und im Siedlungsbereich des Menschen, angetroffen werden können.

Neben den bodenständigen Arten treten in Mitteleuropa alljährlich sogenannte „Wanderfalter" auf, die aus Südeuropa und Afrika einfliegen und hier zum Teil ihre Nachkommenschaft hinterlassen, die jedoch den Winter nördlich der Alpen in der Regel nicht übersteht.

Abgesehen von den Wanderflügen dienen die Flugaktivitäten ausschließlich der Nahrungssuche, Paarung und Brutfürsorge. Ein eigenartiges Verhalten, das u. a. mit der Theorie der mondorientierten Fortbewegung zu deuten versucht wurde, zeigen die meisten nachtaktiven Schmetterlinge in der Nähe künstlicher Lichtquellen, die offenbar auf sie eine magische Anziehungskraft ausüben. Der Lichtstrahl verursacht, einfach ausgedrückt, wahrscheinlich eine Fehlorientierung, womit auch das bekannte Umkreisen des Leuchtkörpers zu erklären wäre.

Das Nahrungsbedürfnis der Falter ist sehr unterschiedlich. Tagfliegende Arten bevorzugen zumeist Blütennektar, der aber auch dämmerungs- und nachtaktive Falter anlockt. Daneben bilden Blatthonig, Baumsäfte, überreife Früchte und

Schmetterlingspuppe

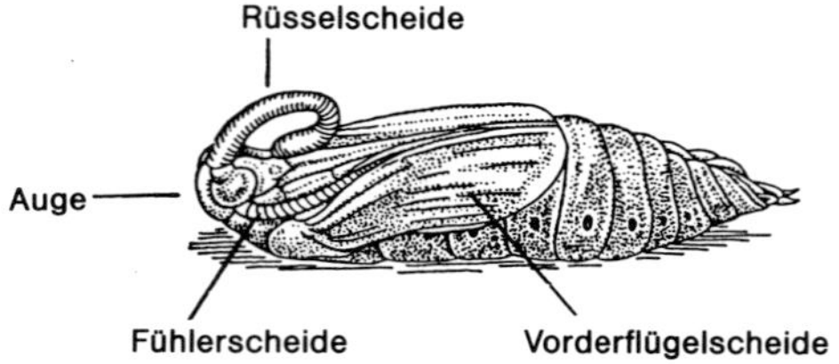

Wasser die wichtigsten Nahrungsquellen.
Die Lebensdauer der meisten Nachtfalterarten beträgt nur 1 – 3 Wochen, bei manchen Sackträgermännchen sogar nur wenige Stunden. Die längste Lebenszeit haben naturgemäß die überwinternden Arten. Von den 7 – 9 Monaten ihres Daseins verbringen sie allerdings einen erheblichen Teil in völliger Lethargie. Während der kalten Jahreszeit verbergen sie sich an geschützten Orten: in Rindenritzen, Höhlungen, Felsspalten, unter Baumwurzeln oder im Fallaub. Nicht selten werden auch Keller, Dachböden, Schuppen und Stallungen als Überwinterungsquartier genutzt.

Feinde und Parasiten

Viele Falter erreichen nicht ihr natürliches Lebensende, weil sie vorher Feinden zum Opfer fallen. Tagaktive Arten werden gelegentlich von Vögeln, Libellen und Raubfliegen gejagt, dämmerungs- und nachtaktive Falter hingegen sind für Fledermäuse und Nachtschwalben eine wichtige Nahrungsquelle. An Blütenständen lauern Krabbenspinnen auf nektarhungrige Schmetterlinge, und nicht wenige enden in den Netzfallen anderer Spinnen. Auch in der Ruhe sind die wehrlosen Geschöpfe nicht vor Verfolgung sicher, zumindest dann nicht, wenn sie weder eine ausreichende Deckung gefunden haben noch durch eine Warn- oder Schrecktracht einen gewissen Schutz genießen. In wesentlich größerem Umfang wird jedoch den Entwicklungsstadien nachgestellt, von Vögeln, Mäusen, Kröten, Käfern, Wespen und Ameisen. Auch Schlupfwespen und Raupenfliegen, deren Maden als Parasiten den ersten Ständen in starkem Maße zusetzen, tragen zur Dezimierung der Nachtfalter bei. Andererseits sind Feinde und Parasiten zur Regulierung der Falterbestände sogar notwendig, und letztlich ist der Erhalt einer Population bereits gesichert, wenn aus jeder Brut nur ein einziges Pärchen für die Fortpflanzung sorgen kann.

Wo finde ich Nachtfalter?

Schmetterlinge suchen, beobachten und benennen ist für den Naturfreund eine der interessantesten und reizvollsten Freizeitbeschäftigungen. Auch Nachtfalter bieten in dieser Hinsicht viel, sie erfordern aber mehr Ausdauer und ein geübteres Auge als die unübersehbar an blütenreichen Stellen gaukelnden Tagfalter. Andererseits kann man Nachtfalter fast das ganze Jahr über entdecken, vom Februar bis Mitte Dezember. Wer mit offenen Augen natürliche und naturnahe Landschaften durchstreift, wird selten ohne Erfolgserlebnis nach Hause kehren, selbst bei kühler und regnerischer Witterung. Aber auch in Städten und Dörfern läßt sich solcher Art von Naturbeobachtung nachgehen. Vor allem in Parkanlagen und Gärten, an Bahndämmen und auf brachliegendem Gelände können wir fündig werden

Sonneliebende Blütenbesucher aus den Familien der Widderchen, Eulen, Spanner und Zünsler sind naturgemäß in blumenreichen Pflanzengesellschaften – Magerwiesen, Hochstaudenfluren, Waldsäumen, Wiesenrainen, Brachen – anzutreffen. An solchen Orten tummeln sich auch unauffällige Arten, die keine Blüten anfliegen und deshalb erst bemerkt werden, wenn sie aufgescheucht an eine andere Stelle flüchten. Am nächsten Zufluchtsort bedarf es jedoch einer vorsichtigen Annäherung, um sie nicht erneut vorzeitig zu beunruhigen. Bei niedrigen Temperaturen sind allerdings die tagfliegenden Arten nicht so aktiv, was das Bestimmen sehr erleichtert.

Ebenso günstige Voraussetzungen zum Kennenlernen von Nachtfaltern bietet eine Waldwanderung. Je üppiger die Pflanzen beiderseits des Weges wuchern, desto mehr Arten dürfen wir dabei erwarten. Natürlich beherbergen Wälder auch sonne- und nektarliebende Falter, die überwiegende Mehrheit aber hat während der Tagesstunden Ruhezeit, so daß sie an ihren Schlafplätzen aufgespürt werden müssen. Manche Spinner, Eulen, Spanner und Kleinschmetterlinge ruhen nicht selten offen auf Blättern von Kräutern und niederen Büschen, andere ziehen die schutz- und schattenspendende Blattunterseite oder Deckung im Grasbewuchs vor. Von einigen Arten wird zwar das zum eindeutigen Bestimmen notwendige Wenden der Unterlage nicht verübelt, in den meisten Fällen aber ist dabei mit dem blitzschnellen Abflug zu rechnen. Verschiedene Eulen und Bärenspinner reagieren dagegen mit Fallenlassen und anschließendem Totstellen oder Verkriechen. Nach in der Bodenstreu verschwundenen Schmetterlingen zu wühlen ist meist sinnlos, zudem besteht dabei die Gefahr, sie zu verletzen.

Viel Ausdauer und gute Augen erfordert das Absuchen von Baumstämmen, an denen manche Schwärmer-, Eulen- und Spannerarten den Tag verbringen. In den Sommermonaten zeigen letztere z. T. ein scheues Verhalten, so daß man sich vorsichtig nähern muß. Die im zeitigen Frühjahr und Spätherbst an Stämmen ruhenden Frostspanner-Männchen entziehen sich dagegen nur selten dem Beobachter durch Flucht. Bei den flugunfähigen Weibchen besteht diese Gefahr naturgemäß ohnehin nicht. In Wäldern lohnt sich außerdem das Nachsehen an Wänden und unter Vordächern von Jagdhütten

und Wildfütterungsanlagen; dasselbe gilt in der offenen Landschaft für Feldschuppen, Heustadel und kleinere Brückenbauten. Besonders in Gewitternächten flüchten manche Arten, darunter auch die prächtigen Ordensbänder, oft schutzsuchend an überdachte Orte. Bergsteigern, die nicht nur den Gipfel im Auge haben, erschließt sich im lichten Bergwald und auf blumenreichen Wiesen und Grasheiden die Welt der subalpinen und alpinen Nachtfalter. Wer in der Morgenfrühe aufbricht, wird an Blüten und Halmen noch von der Nachtkälte erstarrte Widderchen und Eulen entdecken, die Stunden später eifrig von Blume zu Blume schwirren. Auch Bärenspinner, Flechtenbären und Spanner sowie Kleinschmetterlinge verschiedener Familien beleben das alpine Faunenbild. An kühlen Tagen sitzen sie mit Vorliebe an Gräsern, aber auch an Steinen oder darunter. Nachtaktive Spanner verbergen sich tagsüber gern in Felsritzen und unter überhängenden Felsen, wo besonders die weißlich- und graugefärbten Arten eine ausgezeichnete Deckung genießen.

Auch im eigenen Garten können wir Nachtfalter beobachten, sofern das „Grün" nicht nur aus kurzgeschorenem Rasen und einigen exotischen Gewächsen besteht. Am sommerlichen Blütenflor sind untertags, besonders aber in der Dämmerung, Schwärmer und Eulen zu Gast, und über die Naturwiese gaukeln im Sonnenschein Zünsler, Wickler und Federmotten. An der Hauswand sitzt manchmal ein vor kurzem geschlüpfter Spinner, dessen Raupe in der Hekke lebte, und im Freisitz auf die Dunkelheit wartende Spanner sind keine seltene Erscheinung.

Bei Arten, die wir am Tage kaum zu Gesicht bekommen, besteht die Chance zum Kennenlernen an nachts brennenden Lichtquellen. Erfolg versprechen niedrig installierte Leuchtkörper in der freien Landschaft und in der Nähe vegetationsreicher Parks und Gartenanlagen. Die vom Licht angelockten Schmetterlinge kommen nach anfänglich meist wildem Umherflattern oft schon nach wenigen Minuten an der Lampe oder in deren unmittelbarer Umgebung zur Ruhe, wo sie dann mit Hilfe einer Taschenlampe in Augenschein genommen werden können. Ideal für nächtliche Beobachtungen sind an Hauswänden montierte Leuchtkörper, weil die sich in der Regel am Mauerwerk niederlassenden Falter ein bequemes Betrachten erlauben, sofern sie nicht weit über Augenhöhe Platz genommen haben. Auch beleuchteten Schaufenstern sollte man Aufmerksamkeit schenken. Günstig sind warme, mondlose und windstille Nächte, in denen der Anflug mitunter beträchtlich sein kann, insbesondere in naturnahen Landschaften, wie z. B. Gebirgsgegenden. Frühaufsteher können selbst in den ersten Tagesstunden noch an oder in der Nähe von Leuchtkörpern Entdekkungen machen, denn viele der nachts im Lichtkreis erscheinenden Falter verlassen diesen nicht mehr, und spätestens im Morgengrauen enden ihre Flugaktivitäten. An Gehsteigen und Straßen verbliebene Nachtfalter werden häufig Opfer des Verkehrs. Wir lassen solche Falter auf den Finger oder ein Stück Papier krabbeln und setzen sie in Strauchwerk oder in anderem Bewuchs ab, wo sie bis zum nächsten Flug auch vor Vögeln geschützt sind.

Das Aufspüren und Beobachten von Schmetterlingen führt zugleich zur Begegnung mit ihren Raupen, deren Lebensweise und Verhalten nicht weniger reizvoll sind. Für das Bestimmen der meisten Arten ist jedoch eine weiterführende Literatur (mit Abbildungen) unerläßlich.

Wie helfe ich Nachtfaltern?

Seit Jahrzehnten ist in den meisten Ländern Europas eine zunehmende Verarmung der Schmetterlingswelt festzustellen. Selbst früher häufige Arten treten gebietsweise nur noch selten in Erscheinung, oder sie sind völlig aus dem Landschaftsbild verschwunden. Die Hauptursachen sind bekannt: Entzug der Lebensgrundlagen durch die moderne Agrar- und Forstwirtschaft sowie Baumaßnahmen aller Art, verstärkter Einsatz chemischer Bekämpfungsmittel und die Belastung der Umwelt durch Schadstoffe. Von dieser traurigen Entwicklung sind auch die Nachtfalter nicht verschont geblieben. So mußten in Deutschland bereits 441 und in Österreich 805 Arten (Großschmetterlinge) in die Rote Liste der gefährdeten Arten aufgenommen werden. Es handelt sich überwiegend um sehr spezialisierte Arten mit enger Bindung an zunehmend seltener werdende Pflanzengemeinschaften, z. B. Trockenrasen-, Heide-, Sumpf-, Röhricht- und natürliche Waldgesellschaften. Um sie vor dem Aussterben zu bewahren, bedarf es daher der Sicherung ihrer Lebensräume, was den Naturschutzverbänden schon seit langem ein vorrangiges Anliegen ist. Denn allein mit der Unterschutzstellung gefährdeter Arten, wie sie die neue Bundesartenschutzverordnung vorsieht, wird man der Verpflichtung zur Erhaltung der Artenvielfalt nicht gerecht.

Inzwischen bemühen sich Naturschutzbehörden und Naturschützer vielerorts gemeinsam um die Ausweisung von Schutzgebieten, was natürlich auch gefährdeten Nachtfalterarten eine Überlebenschance gibt. Die Sorge um die Falterwelt hat außerdem neun Naturschutzorganisationen des In- und Auslandes veranlaßt, 1987 die „Aktion Schmetterling" zu starten, von der sie sich langfristig eine tatkräftige Unterstützung durch verantwortungsbewußte Menschen erhoffen, die auch in der Mitarbeit bei lokalen Biotoppflegemaßnahmen und Pflanzaktionen ihren Ausdruck finden kann.

Mit der Unterstützung von Aktionen zur Erhaltung und Pflege ihrer Lebensräume sind jedoch die Hilfsmöglichkeiten für Schmetterlinge keineswegs erschöpft, sofern ein nicht zu kleiner Garten am Haus oder im Freiland zur Verfügung steht. Allerdings lassen sich in Gärten nur für Arten mit größerer ökologischer Anpassungsfähigkeit Lebensgrundlagen schaffen, doch ist auch bei diesen der Bestand rückläufig und deshalb Hilfe angebracht. Während die Möglichkeiten für Tagfalter – abgesehen vom Anpflanzen und Aussäen reich blühender Nektarspender – sehr eingeschränkt sind, kann ein größerer Garten durchaus zur Lebensstätte für einige Dutzend Nachtfalterarten werden: Wenn wir uns bei der Neuanlage oder beim Umstellen auf mehr „Natur" für einheimische Gehölze entscheiden, der sich nach und nach von selbst einstellenden Begleitflora eine Chance zur Entfaltung lassen, Wildgräsern und Wildkräutern reichlich Platz reservieren und für ein tags und nachts lockendes Nektarangebot sorgen.

Da rund ein Drittel der heimischen Nachtfalterarten von Gehölzen abhängig ist, gehört das Anpflanzen einer lockeren, aus verschiedenen Sträuchern (siehe Liste) sich zusammensetzenden Hecke zu den wichtigsten Maßnahmen des Ar-

tenschutzes vor der Haustür. Auch ein paar Laubbäume dürfen nicht fehlen, falls die Größe des Grundstücks das erlaubt. Nicht wenige Nachtfalterarten finden an sogenannten Unkrautpflanzen ihre Lebensgrundlagen, die wir deshalb dulden sollten, wo immer es möglich ist. Für andere Arten bietet die Naturwiese, die Kräuterecke oder das Staudenbeet die Möglichkeit zur Fortpflanzung.
Als Nektarquellen kommen – neben der auch von Tagfaltern gern besuchten Buddleia – Geißblatt, Wild- und Gartenstauden sowie einjährige Sommerblumen (siehe Liste) in Betracht. An den Blüten werden vor allem aus dem Freiland kommende dämmerungs- und nachtaktive Arten zu Gast sein.
Die meisten nichtexotischen Pflanzen des Gartens werden genutzt, wenn nicht von Schmetterlingen, dann zumindest von Käfern und anderen Insekten (die schließlich auch Nutznießer eines neugeschaffenen Biotops sein sollen). Je mannigfaltiger die Pflanzen im Garten wuchern, desto mehr Insektenarten werden sich in ihm heimisch fühlen. Daß die Giftspritze in einem falterfreundlichen Garten ausgedient hat, dürfte wohl selbstverständlich sein. Auch der Einsatz des Rasenmähers und der Heckenschere sollte stark eingeschränkt werden.
Der Erfolg der Hilfsmaßnahmen für Nachtfalter im Garten offenbart sich naturgemäß nicht in auffälliger Weise, doch schon ein aus der Wildkräuterecke gaukelnder Spanner, ein in der Dämmerung über das Staudenbeet huschender Schwärmer oder eine in der Hecke entdeckte Spinnerraupe läßt erahnen, daß die Mühe nicht umsonst war.

Literaturhinweise

Forster, W. und Th. A. **Wohlfahrt,** Die Schmetterlinge Mitteleuropas. Bd. I–IV. Franckh-Kosmos-Verlag, Stuttgart 1984
Gerstmeier, R., Welcher Schmetterling ist das? Franckh-Kosmos-Verlag, Stuttgart 1988
Marktanner, Th., Schmetterlinge der Südalpen. Athesia Verlagsgesellschaft, Bozen 1983
Novak, I. und F. **Severa,** Der Kosmos-Schmetterlingsführer. Franckh-Kosmos-Verlag, 4. Aufl., Stuttgart 1991

Pflanzen für den Garten als Hilfsmaßnahme für Nachtfalter

Futterpflanzen:

Gehölze

Ahorn
Apfel
Birke
Brombeere
Buche
Eberesche
Erle
Faulbaum
Hainbuche
Hasel
Heckenkirsche
Himbeere
Holunder
Kirsche
Liguster
Pflaume
Rose (Wildformen)
Schlehe
Traubenkirsche
Weide
Weißdorn

Niedere Pflanzen

Brennessel
Klee-Arten
Königskerze
Labkraut
Leimkraut
Löwenzahn
Schafgarbe
Taubnessel
Wegerich
Wicke

Nektarpflanzen:

Gehölze

Buddleia
Geißblatt sp.

Garten- und Wildblumen

Ackerwitwenblume
Baldrian
Bartnelke
Betunie
Blaukissen
Distel-Arten
Dost
Eisenkraut
Fetthenne
Flockenblume
Herbstaster
Kriechender Günsel
Lavendel
Leimkraut
Lichtnelke
Nachtkerze
Nachtnelke
Nachtviole
Natternkopf
Phlox
Rittersporn
Seifenkraut
Spornblume
Studentenblume
Thymian
Weidenröschen
Wiesensalbei
Ziertabak
Zinnie

21–27 mm

Purpurbär
Rhýparia purpuráta
Familie Bärenspinner

Aussehen: Vorderflügel ockergelb mit fünf Querreihen grauer Flecken; Hinterflügel purpurrot mit gelben Fransen und schwarzen Flecken unterschiedlicher Größe.
Vorkommen: Sehr lokal sowohl auf feuchten Wald- und Moorwiesen als auch auf trockenen Heiden und Brachen. In Nord- und Nordwestdeutschland sehr selten, gebietsweise auch fehlend; im südlichen Mitteleuropa häufiger. Im Gebirge bis 1500 m.
Flugzeit: Von Anfang Juni bis Ende Juli in einer Generation; in den Südalpen eine zweite Generation im September.
Lebensweise: Spätnachts aktive Art, bei der nur die Männchen zuweilen am Tage im Sonnenschein fliegen. Die Falter ruhen untertags in der niederen Vegetation; nicht selten an der Unterseite von Blättern.
Entwicklung: Die weißgraue, am Rücken fuchsrot oder gelb behaarte Raupe (Foto S. 125) überwintert. Sie ist sonneliebend und wird deshalb häufiger angetroffen als der Falter. Die Verpuppung erfolgt in einem Gespinst an der Erde.
Futterpflanzen: Ginster, Heidekraut, Labkraut, Beifuß und andere Pflanzen.

Gefährdung
Gefährdet; geschützt

16–21 mm

Wegerichbär
Parasémia plantáginis
Familie Bärenspinner

Aussehen: Sehr variable Art. Vorderflügel schwarz mit weißen oder gelblichen Quer- und Längsstreifen. Die meist schwarzgefleckten Hinterflügel sind beim Männchen am häufigsten gelb oder weiß, beim Weibchen (Foto) rötlich.
Vorkommen: Vor allem im Berg- und Hügelland lokal auf feuchten Waldlichtungen und in Moorgebieten; häufiger in den Alpen, auf nassen Almwiesen, an moorigen Stellen und in lichten Wäldern bis 3000 m. Im nördlichen Mitteleuropa in weiten Gebieten fehlend.
Flugzeit: Von Mai bis Juli, in den höheren Lagen der Alpen bis August, in einer Generation.
Lebensweise: Die Falter halten sich im niederen Pflanzenwuchs auf. Im Gegensatz zu den flugträgen Weibchen unternehmen die Männchen bei Sonnenschein häufig kurze Flüge, besonders in den Nachmittagsstunden. Bei Störungen flüchten sie in der Regel wesentlich schneller als die Weibchen.
Entwicklung: Die schwarzbraune, schwarz und rostrot behaarte Raupe überwintert klein. Sie lebt verborgen und verpuppt sich in einem braungrauen Gespinst am Boden.
Futterpflanzen: Wegerich, Löwenzahn und andere Pflanzen.

Gefährdung

Noch nicht gefährdet; geschützt

15–20 mm

Hochalpen-Streifenbär

Grámmia (= Orodemnias) quensélii

Familie Bärenspinner

Aussehen: Vorderflügel schwarz mit dottergelben Längs- und Querstreifen und weißgelb beschuppten Adern; Hinterflügel schwärzlich, beim Männchen meist einfarbig, beim helleren Weibchen (Foto) im Saumbereich gelb gefleckt.
Vorkommen: Sehr lokal und selten auf hochalpinen Geröllfeldern, Gras- und Zwergstrauchheiden bis in Höhen von 2600 m.
Flugzeit: Im Juli und August in einer Generation.
Lebensweise: Eine unauffällige Art, die durch ihre streifenförmige Flügelfärbung im grasigen Bewuchs und an von Flechten überzogenen Steinen einen ausgezeichneten Sichtschutz genießt. Die Männchen schwirren an sonnigen Tagen in Bodennähe über grasigen Matten, um paarungswillige Weibchen zu finden, die an Steinen oder Grashalmen sitzen. Die Flüge sind stets nur von kurzer Dauer.
Entwicklung: Die meist unter Steinen verborgen lebende Raupe ist schwarz mit gelben Rückenlinien und dunkler, an den Seiten rostbrauner Behaarung. Sie überwintert zweimal und verwandelt sich in einem Gespinst unter Steinen.
Futterpflanzen: Wegerich, Nelkenwurz und andere niedere Pflanzen.

Gefährdung

Noch nicht gefährdet; geschützt

18–21 mm

Blutbär, Jakobskrautbär
Týria jacobáeae
Familie Bärenspinner

<u>Aussehen:</u> Vorderflügel dunkelbraun mit karminroten Streifen längs des Vorderrandes und zwei ebenso gefärbten rundlichen Flekken am Saum; Hinterflügel leuchtend rot.
<u>Vorkommen:</u> Verbreitet, nördlich der Alpen aber meist nur lokal. Bevorzugt trockene Wiesen und Hänge, Heiden und Steinbrüche, bewohnt aber auch lichte Wälder und Feuchtgebiete. In den Alpen bis 1600 m.
<u>Flugzeit:</u> Von Mai bis Anfang August in einer Generation; südlich der Alpen eine zweite Generation im August und September.
<u>Lebensweise:</u> Die Falter sind vorwiegend nachtaktiv, doch fliegen sie auch tagsüber aus der Vegetation auf, wobei die rote Warnfärbung der Hinterflügel sichtbar wird.
<u>Entwicklung:</u> Die auffälligen, orangegelb-schwarz geringelten Raupen (Foto S. 124) signalisieren mit der Tracht eines wehrhaften Insekts ihre Ungenießbarkeit, die auf den Giftstoffen der Fraßpflanze beruht. Sie leben meist in kleinen Gesellschaften. Die Puppe überwintert in einem Gespinst.
<u>Futterpflanzen:</u> Kreuzkrautarten, lokal auch Huflattich und Pestwurz.

Gefährdung
Noch nicht gefährdet; geschützt

25–28 mm

Schönbär
Callimórpha domínula
Familie Bärenspinner

<u>Aussehen:</u> Vorderflügel schwarz, grünlich glänzend, mit weißen, z. T. gelblich übertönten Flecken; Hinterflügel rot mit schwarzer Fleckenzeichnung, die variiert.
<u>Vorkommen:</u> Sehr lokal auf Lichtungen feuchter Wälder, an Bach- und Flußufern sowie in Gebirgsschluchten, bis über 1500 m.
<u>Flugzeit:</u> Von Ende Mai bis Ende August in einer Generation.
<u>Lebensweise:</u> Tag- und nachtaktive Art. Bei Sonnenschein kann man Falter zuweilen in Anzahl beim Nektarsaugen an Disteln, Holunder und anderen Pflanzen beobachten. An kühlen Tagen sind sie öfters in der Nähe ihrer Nahrungsquellen ruhend zu entdecken. Gestört flüchten sie in langsamem Flug gerne in das Geäst von Gehölzen.
<u>Entwicklung:</u> Die blauschwarze mit gelbem Rückenstreifen gezeichnete Raupe, die klein überwintert, sitzt oft gut sichtbar auf der Fraßpflanze. Man findet sie besonders am Rande von Gräben, entlang schattiger Waldwege. Verpuppung in einem Gespinst in Bodennähe.
<u>Futterpflanzen:</u> Brennessel, Taubnessel, Himbeere, Heckenkirsche und andere Gewächse.

Gefährdung

Gefährdet; geschützt

26–32 mm

Russischer Bär

Euplágia quadripunctária

Familie Bärenspinner

Aussehen: Vorderflügel schwarz mit gelbweißen Binden, die in der äußeren Hälfte ein V bilden; Hinterflügel zinnoberrot mit schwarzen Flecken.
Vorkommen: Sehr lokal auf trokkenen Hängen, an Waldrändern und in felsigen Flußtälern. Höhenverbreitung bis über 1000 m.
Flugzeit: Von Mitte Juli bis Anfang September in einer Generation.
Lebensweise: Tag- und nachtaktive Art, die untertags im Blattwerk von Laubgehölzen, aber auch gern an Felswänden ruht. An heißen Tagen besuchen die Falter Blüten. Besonders in Hochstaudenbeständen mit Disteln und Wasserdost kann man sie bei der Nahrungsaufnahme beobachten.
Entwicklung: Die Raupe ist schwarzbraun mit aus orangegelben Flecken gebildetem Rückenstreifen und gelben Seitenstreifen. Die orangegelben Warzen tragen bräunliche Haarborsten. Die Raupe überwintert. Die Verpuppung erfolgt in einem grauen Gespinst am Boden.
Futterpflanzen: Weidenröschen, Taubnessel, Brennessel, und andere niedere Pflanzen; nach der Überwinterung: Hasel, Geißblatt, Himbeere und Brombeere.

Gefährdung

Gefährdet; geschützt

26–32 mm

Schwarzer Bär
Árctia víllica
Familie Bärenspinner

Aussehen: Vorderflügel schwarz mit acht gelblichweißen Flecken; Hinterflügel orangegelb mit zwei Reihen zum Teil sehr kleiner schwarzer Flecke und breit schwarzer, meist gelb gefleckter Spitze.
Vorkommen: Nördlich der Alpen nur inselartig verbreitet; inzwischen vielerorts verschwunden. In den Südalpentälern lokal nicht selten bis in Höhen von 1500 m. Bevorzugt sandiges Gelände, Steppenheiden, aufgelassene Weinberge und sonstiges trockenes Brachland.
Flugzeit: Von Mai bis August in einer Generation.
Lebensweise: Die nachtaktiven Falter flattern zuweilen auch am Tage aus der Vegetation auf. Manchmal ruhen sie gut sichtbar an Blättern oder Steinen. Aufgescheucht suchen sie rasch wieder im Bewuchs Deckung.
Entwicklung: Die Raupe ist schwarz, dicht braungrau oder rötlichbraun behaart. Sie überwintert halb erwachsen und verpuppt sich in einem weißgrauen Gespinst zwischen Pflanzenstengeln, nahe dem Erdboden.
Futterpflanzen: Löwenzahn, Taubnessel, Schafgarbe und verschiedene andere Pflanzen.

Gefährdung
Vom Aussterben bedroht; geschützt

30–38 mm

Brauner Bär
Árctia cája
Familie Bärenspinner

Aussehen: Vorderflügel braun, gitterartig mit cremeweißen Binden gezeichnet; Hinterflügel zinnoberrot mit dunkelblauen, schwarz gerandeten Flecken.
Vorkommen: Weit verbreitet in Wäldern und Moorgebieten, auf Magerwiesen und Ödland, in Parks und Gärten bis 1800 m.
Flugzeit: Von Juli bis September in einer Generation.
Lebensweise: Nachtaktive Art, die Lichtquellen anfliegt. Untertags werden die in der niederen Vegetation ruhenden Falter selten gefunden, was wohl auch auf die Zeichnung der Vorderflügel zurückzuführen ist, die zwar auffällig erscheint, aber körperauflösend (somatolytisch) wirkt.
Entwicklung: Das Weibchen kann weit über 1000 Eier produzieren, die häufchenweise an Blättern der Futterpflanze abgelegt werden. Die sehr lang rostrot und schwarzbraun (bärenpelzartig) behaarte Raupe (Foto S. 124) sitzt häufig offen auf der Fraßpflanze. Bei Gefahr läßt sie sich fallen und bleibt eingerollt eine Weile reglos liegen. Sie überwintert und verpuppt sich in einem Gespinst am Boden.
Futterpflanzen: Viele niedere Pflanzen, aber auch Sträucher.

Gefährdung
Noch nicht gefährdet; geschützt

18–20 mm

Weißer Tigerbär
Spilosóma lubricípeda (= menthástri)
Familie Bärenspinner

Aussehen: Grundfarbe weiß, Vorderflügel mehr oder weniger dicht schwarz gepunktet; Hinterflügel nur mit einzelnen dunklen Punkten. Hinterleib gelb, schwarz gefleckt.
Vorkommen: Weit verbreitet in Wäldern und Mooren, auf buschreichem Gelände und Brachen, in Parks und Gärten, bis 1600 m.
Flugzeit: Von Mitte Mai bis Juli in einer Generation; in klimatisch günstigen Gebieten fliegt im August und September eine zweite Generation.
Lebensweise: Nachts aktive Art, die gerne Lichtquellen anfliegt. Falter werden öfters in der Gras- und Krautschicht gefunden. Bei Gefahr lassen sie sich fallen, krümmen den Hinterleib, damit dessen gelbschwarze Warnfärbung (die ihre Ungenießbarkeit signalisiert) sichtbar wird, und stellen sich tot.
Entwicklung: Die dunkelbraune, behaarte Raupe sieht man im Spätsommer oft eilig Straßen überqueren, um einen geeigneten Platz zur Verpuppung zu suchen. Die Verwandlung erfolgt in einem Gespinst; die Puppe überwintert.
Futterpflanzen: Nesselarten, Löwenzahn und andere Pflanzen.

Gefährdung
Nicht gefährdet

15–20 mm

Gestreifter Grasbär

Spíris (= Coscínia) striáta

Familie Bärenspinner

Aussehen: Vorderflügel des Männchens (Foto) bleich ockergelb mit schwarzen Längsstreifen; Hinterflügel orangegelb mit breiter Vorderrands- und Saumbinde. Die Flügelfärbung des Weibchens ist blasser, die Streifenzeichnung nur schwach ausgeprägt. Exemplare mit völlig schwarzen Hinterflügeln sind nicht selten.

Vorkommen: Lokal auf Sand- und Steppenheiden und trockenen Grashängen. In den Alpen nur in tieferen Lagen.

Flugzeit: Von Juni bis August in einer Generation; im Süden auch eine unvollständige 2. Generation.

Lebensweise: Die Falter sind am Tage aktiv, besonders die Männchen. Sie fliegen meist nur kurz auf, um schon in geringer Entfernung wieder im Bewuchs zu verschwinden. Die bevorzugten Ruheplätze sind dürre Stengel und Halme, an denen sie ausgezeichneten Sichtschutz genießen.

Entwicklung: Die schwarzbraune, behaarte, mit orangegelben und gelblichweißen Streifen gezeichnete Raupe überwintert klein. Sie verpuppt sich im späten Frühjahr in einem Gespinst an der Erde.

Futterpflanzen: Habichtskraut, Wiesensalbei und andere Pflanzen.

Gefährdung

Gefährdet; geschützt

12–14 mm

Rosenmotte

Miltochrísta miniáta

Familie Bärenspinner

Aussehen: Vorderflügel rötlich okkergelb, am Vorderrand und Saum karminrot, mit einer tief gezackten, feinen schwarzen Querlinie und schwarzen Strichen vor dem Saum; Hinterflügel bleicher rötlich.

Vorkommen: Nicht häufig in feuchteren Laub- und Mischwäldern, Auwäldern und Moorgebieten. Höhenverbreitung bis etwa 1600 m.

Flugzeit: Von Juni bis Mitte August in einer Generation.

Lebensweise: Die Falter saugen manchmal bei Tage an Blüten, sie sind jedoch hauptsächlich nachts aktiv. Tagsüber ruhen sie meist im Unterbewuchs verborgen, am häufigsten unter Blättern. An ihren Ruheplätzen werden sie nur selten gefunden.

Entwicklung: Die Eier werden zumeist an Baumstämmen abgelegt, und zwar in Reihen von 3–5 Stück. Die walzige, mattgraue Raupe ist büschelweise schwärzlich behaart. Sie überwintert und verwandelt sich im Mai in einem dicht mit Haaren vermischten Gespinst in eine rötlichbraune Puppe.

Futterpflanzen: Flechten an Buchen, Eichen, Birken, Geißblatt und anderen Laubgehölzen.

Gefährdung

Nicht gefährdet